11－002职业技能鉴定指导书

职业标准·试题库

2015年版

卸储煤值班员

（第二版）

电力行业职业技能鉴定指导中心　编

电力工程　燃料运行与检修专业

U0658049

中国电力出版社

CHINA ELECTRIC POWER PRESS

内 容 提 要

本《指导书》是按照劳动和社会保障部制定国家职业标准的要求编写的，其内容主要由职业概况、职业培训、职业技能鉴定和鉴定试题库四部分组成，分别对技术等级、工作环境和职业能力特征进行了定性描述；对培训期限、教师、场地设备及培训计划大纲进行了指导性规定。本《指导书》自1999年出版后，对行业内职业技能培训和鉴定工作起到了积极的作用，本书在原《指导书》的基础上进行了修编，补充了内容，修正了错误。

试题库是根据《中华人民共和国国家职业标准》和针对本职业（工种）的工作特点，选编了具有典型性、代表性的理论知识（含技能笔试）试题和技能操作试题，还编制有试卷样例和组卷方案。

《指导书》是职业技能培训和技能鉴定考核命题的依据，可供劳动人事管理人员、职业技能培训及考评人员使用，亦可供电力（水电）类职业技术学校和企业职业学习参考。

图书在版编目（CIP）数据

卸储煤值班员：11-002/电力行业职业技能鉴定指导中心编．—2版．—北京：中国电力出版社，2011.9（2019.8重印）
（职业技能鉴定指导书．职业标准试题库）
ISBN 978-7-5123-1749-9

Ⅰ.①卸… Ⅱ.①电… Ⅲ.①卸煤机-职业技能-鉴定-习题集②卸煤机-职业技能-鉴定-习题集 Ⅳ.①TH244-44

中国版本图书馆CIP数据核字（2011）第101899号

中国电力出版社出版、发行
（北京市东城区北京站西街19号 100005 http://www.cepp.sgcc.com.cn）
北京雁林吉兆印刷有限公司印刷
各地新华书店经售

*

2002年1月第一版
2011年9月第二版 2019年8月北京第十三次印刷
850毫米×1168毫米 32开本 9.25印张 235千字
印数28001—30000册 定价42.00元

版 权 专 有 侵 权 必 究

本书如有印装质量问题，我社营销中心负责退换

电力职业技能鉴定题库建设工作委员会

主　任　徐玉华

副主任　方国元　王新新　史瑞家　杨俊平

　　　　　　陈乃灼　江炳思　李治明　李燕明

　　　　　　程加新

办公室　石宝胜　徐纯毅

委　员（按姓氏笔画为序）：

　　　　　　马建军　马振华　马海福　王　玉

　　　　　　王中奥　王向阳　王应永　丘佛田

　　　　　　李　杰　李生权　李宝英　刘树林

　　　　　　吕光全　许佐龙　朱兴林　陈国宏

　　　　　　李　安　吴剑鸣　杨　威　杨文林

　　　　　　杨好忠　杨耀福　张　平　张龙钦

　　　　　　张彩芳　金昌榕　南昌毅　倪　春

　　　　　　高　琦　高应云　奚　珣　徐　林

　　　　　　谌家良　章国顺　董双武　焦银凯

　　　　　　景　敏　路俊海　熊国强

第一版编审人员

编写人员　谷克进

审定人员　杜和平　徐连友　赵敏田

第二版编审人员

编写人员（修订人员）

　　　　　黄少波　段春义　李　迎

审定人员　杨　杰　张翔飞　饶　华

　　　　　郭成玉

说　明

为适应开展电力职业技能培训和实施技能鉴定工作的需要，按照劳动和社会保障部关于制定国家职业标准，加强职业培训教材建设和技能鉴定试题库建设的要求，电力行业职业技能鉴定指导中心统一组织编写了电力职业技能鉴定指导书（以下简称《指导书》）。

《指导书》以电力行业特有工种目录各自成册，于 1999 年陆续出版发行。

《指导书》的出版是一项系统工程，对行业内开展技能培训和鉴定工作起到了积极作用。由于当时历史条件和编写力量所限，《指导书》中的内容已不能适应目前培训和鉴定工作的新要求，因此，电力行业职业技能鉴定指导中心决定对《指导书》进行全面修编，在各网省电力（电网）公司、发电集团和水电工程单位的大力支持下，补充内容，修正错误，使之体现时代特色和要求。

《指导书》主要由职业概况、职业技能培训、职业技能鉴定和鉴定试题库四部分内容组成。其中，职业概况包括职业名称、职业定义、职业道德、文化程度、职业等级、职业环境条件、职业能力特征等内容；职业技能培训包括对不同等级的培训期限要求，对培训指导教师的经历、任职条件、资格要求，对培训场地设备条件的要求和培训计划大纲、培训重点、难点以及对学习单元的设计等；职业技能鉴定的依据是《中华人民共和国国家职业标准》，其具体内容不再在本书中重复；鉴定试题库是根据《中华人民共和国国家职业标准》所规定的范围和内容，以实际技能操作为主线，按照选择题、判断题、简答题、计算题、绘图题和论述题六种题型进行选题，并以难易程度组合排列，同时汇集了大量电力生产建设过程中具有普遍代表性和典型性的实际操作试题，构成了各工种的技能鉴定试题库。试题库的深度、广度涵盖了本职业技能鉴定的全部内容。题库之后还附有试卷样例和组卷方案，为实施鉴定命题提供依据。

《指导书》力图实现以下几项功能：劳动人事管理人员可根据《指导书》进行职业介绍，就业咨询服务；培训教学人员可按照《指导书》中的培训大纲组织教学；学员和职工可根据《指导书》要求，制订自学计划，确立发展目标，走自学成才之路。《指导书》对加强职工队伍培养，提高队伍素质，保证职业技能鉴定质量将起到重要作用。

本次修编的《指导书》仍会有不足之处，敬请各使用单位和有关人员及时提出宝贵意见。

电力行业职业技能鉴定指导中心

2008 年 6 月

目　录

1 ▼ 职业概况

1.1 职业名称

卸储煤值班员（11—002）。

1.2 职业定义

操作卸储煤设备和推煤机，监视、控制其运行的人员。

1.3 职业道德

热爱本职工作，刻苦钻研技术，遵守劳动纪律，爱护工具、设备，安全、文明生产，诚实、团结、协作，艰苦朴素，尊师爱徒。

1.4 文化程度

中等职业技术学校或高级技术学校毕（结）业。

1.5 职业等级

本职业资格等级分为四个等级。

1.6 职业环境条件

在室内室外有一定粉尘和噪声的环境条件下工作。

1.7 职业能力特征

本职业应具有利用眼看、耳听、鼻嗅或借助检测仪器进行分析、判断卸储煤设备中电气机械设备的异常运行情况，及时、正确处理故障的能力；应具有领会、理解和应用技术文件的能力；具有用精练语言进行联系、交流工作的能力；能准确而有目的地运用数字进行运算；能凭思维想象几何形体和懂得三维物体的二维表现方法及识绘图能力。

2 ▼ 职业技能培训

2.1 培训期限

2.1.1 初级工：累计不少于 500 标准学时。

2.1.2 中级工：在取得初级职业资格的基础上，累计不少于 400 标准学时。

2.1.3 高级工：在取得中级职业资格的基础上，累计不少于 400 标准学时。

2.1.4 技师：在取得高级职业资格的基础上，累计不少于 500 标准学时。

2.2 培训教师资格

2.2.1 具有中级以上专业技术职称的工程技术人员和高级工、技师并经师资培训取得资格证书，可担任初、中级工的培训教师。

2.2.2 具有高级专业技术职称的工程技术人员和高级技师经师资培训取得资格证书，可担任高级工、技师的培训教师。

2.3 培训场地设备

2.3.1 具备本职业（工种）基础知识培训的教室和教学设备。

2.3.2 具有基本技能训练的实习场所、实际操作训练设备。

2.3.3 本厂生产现场实际设备。

2.4 培训项目

2.4.1 培训目的：通过培训达到《职业技能鉴定规范》《国家职业标准》对本职业的知识和技能要求。

2.4.2 培训方式：以自学和脱产相结合的方式，进行基础知识讲课和技能训练。

2.4.3 培训重点：

（1）卸储煤设备规范及运行规程包括：① 斗轮堆取料机设备；② 螺旋卸车机；③ 翻车机设备；④ 推煤机；⑤ 皮带机设备；⑥ 装卸桥；⑦ 电工、热工、安全、消防和救护常识；⑧ 电力系统运行技术规定；⑨ 机械传动和液压传动知识。

（2）运行操作包括：

1）卸储煤设备的启动、停止及运行；

2）卸储煤设备的就地操作；

3）设备运行中的调整、维护；

4）设备运行前的各项安全措施；

5）卸储煤设备常见故障的分析、判断和处理。

2.5 培训大纲

本职业技能培训大纲，以模块组合（MES）—模块（MU）—学习单元（LE）的结构模式进行编写，其学习目标及内容见表1，学习单元名称见表2。

表1 卸储煤值班员培训大纲模块

模块序号及名称	单元序号及名称	学习目标	学习内容	学习方式	参考学时
MU1 发电厂运行人员的职业道德	LE1 卸储煤值班员的职业道德及电力法规	通过本单元的学习之后，了解发电厂卸储煤值班员的职业道德规范，并能自觉遵守规范准则和电力法规的规定	1. 热爱电厂，热爱本职工作 2. 认真学习，钻研技术 3. 爱护设备，工器具 4. 团结协作 5. 遵守纪律，安全文明 6. 尊师爱徒，严守岗位职责 7. 电力法规内容	自学 讲课	2 2

模块序号及名称	单元序号及名称	学习目标	学习内容	学习方式	参考学时
MU2 安全教育及有关法规规定	LE2 安全生产工作规定和事故调查规程	通过本单元的学习之后，了解电力行业的有关法律、法规和标准规定	1. 结合本企业情况，制定各自的安全生产目标 2. 明确安全生产三级控制（企业、车间、班组） 3. 明确重大事故、一般事故障碍、异常的规定及事故措施的落实 4. 违反规定的事故处以行政处罚，以及司法机关追究的刑事责任	自学或讲课	2
	LE3 电业安全工作规程	通过本单元的学习之后，明确从事本专业的任何工作人员除自己严格执行本规程外，必须督促周围的人员遵守本规程	1. 工作场所的有关安全规定 2. 工作人员的工作服规定 3. 设备维护的安全规定 4. 电气安全的注意事项 5. 运煤设备的运行注意事项 6. 事故措施及事故落实责任制 7. 进行技术问答、考问讲解，提高运行人员操作水平	自学或讲课	8
	LE5 触电急救、消防急救常识	通过本单元的学习之后，能掌握一般的触电正确急救方法及发生火灾的正确急救方法	1. 触电的正确急救方法 2. 人工呼吸的几种正确方法 3. 火灾事故的预防 4. 熟悉灭火器的性能，能正确使用灭火器扑灭火灾	讲课	8

模块序号及名称	单元序号及名称	学习目标	学习内容	学习方式	参考学时
MU3 机械传动在卸储煤设备上的应用技能	LE4 设备技术规范	通过本单元的学习之后，能掌握常用设备的规格、型号以及各符号所代表的设备名称、规范，并能进行正确的操作	1. 学习本工种的设备结构特性 2. 讲解设备铭牌数字、字母代表的意义 3. 机械设备的适用范围	自学或讲课	16
	LE8 机械设备常见故障原因及处理	通过本单元的学习之后，了解本工种专业机械设备的常见故障，并能正确判断故障原因，增强分析处理的能力	1. 转动设备常见故障的分析、判断和处理 2. 紧固件的常见故障和判断处理 3. 传动装置的故障和判断处理 4. 制动装置 5. 齿轮、联轴器及轴承相互配合的标准，常见故障的分析及处理	讲课 讲课 自学或讲课 自学 自学或讲课	16 4 18 4 24
	LE20 装卸桥的主要结构及卸船机的结构类型	通过本单元的学习之后，了解装卸桥结构及优缺点，了解原煤卸船机类型结构及优缺点	1. 各个组成部件的作用及优缺点 2. 卸船机类型、结构及适应性的特点 3. 各部分的作用	自学或讲课	6
	LE22 翻车机的组成及工作程序	通过本单元的学习之后，了解翻车机有哪些主要组成及附属设备、各组成单元的作用，掌握翻车机正确的工作程序	1. 翻车机的分类及布置形式 2. 附属设备的作用及布置形式 3. 翻车机正确的工作过程	自学或讲课	16

模块序号及名称	单元序号及名称	学习目标	学习内容	学习方式	参考学时
MU3 机械传动在卸储煤设备上的应用技能	LE26 螺旋卸煤机的基本结构组成	通过本单元的学习之后，了解螺旋卸煤机各结构的作用	1. 螺旋卸煤机的基本类型及组成 2. 每单元结构件作用 3. 螺旋卸车机的正确操作使用	自学或讲课	8
	LE28 带式输送机的总体结构和不同驱动方式的适应场合	通过本单元的学习之后，了解带式输送机的主要组成及各零部件的作用，驱动方式的改变对带式输送机的影响	1. 带式输送机结构组成，主要部件在系统中的作用 2. 各部件组成的划分 3. 带式输送机分类：通用型与特殊型	自学或讲课	4
MU4 电气、电工、热工常识及有关规定	LE7 电气、热工技术在卸储煤设备中的应用	通过本单元的学习之后，了解本专业电气部分和热工知识在卸储煤设备中的常用规定	1. 电气设备配置的主要原理和工作性能 2. 仪表的指示规定，电动机正常使用的参数 3. 热工仪表指示常用规定值、单位换算	自学	6
	LE16 电气设备及电动机的运行操作、监视和维护	通过本单元的学习之后，了解电气设备及电动机的正确操作、使用、监视与维护方法	1. 电气安装操作规定 2. 设备电气系统的正确操作程序 3. 电工仪器、仪表的指针规定值及参数 4. 电动机的控制方式、日常监视及检查内容 5. 常见电气设备信号指示及标志	自学或讲课	32

模块序号及名称	单元序号及名称	学习目标	学习内容	学习方式	参考学时
MU4 电气、电工、热工常识及有关规定	LE18 电气设备及电动机异常事故的分析和处理	通过本单元的学习之后，掌握事故处理的原则和方法，并能进行各种系统的故障判断和处理	1. 事故的处理原则和方法 2. 电动机常见故障的分析与判断 3. 电气二次回路常出现问题的分析和处理 4. 操作中常见问题的处理 5. 与电气故障相关的各类缺陷的分析及处理	自学或讲课	32
MU5 液压系统在卸储煤设备中的应用	LE9 液压系统常见故障的分析、判断及处理	通过本单元的学习之后，掌握液压系统常见故障的一般处理原则，能对系统出现的问题给予较准确的判断和处理	1. 液压传动的基本知识 2. 液压泵和液压电动机的常见故障 3. 液压缸类型与常见故障 4. 各种阀类控制回路可能出现问题的分析、判断 5. 液压辅件常见故障	自学或讲课	40
	LE14 液压系统在设备中主要参数的确定	通过本单元的学习之后，能准确掌握液压系统的各参数值的范围，并能正确使用操作液压设备	1. 斗轮堆取料机液压系统各参数值的确定 2. 翻车机液压设备参数的确定 3. 各参数值确定的依据与调整方式	自学或讲课	4
MU6 系统运行专业技能及规定	LE12 斗轮堆取料机的运行及操作	通过本单元的学习之后，能掌握斗轮堆取料机的正确操作过程，及运行中的有关规定	1. 运行工作内容 2. 启动前的检查内容 3. 运行注意的事项及规定 4. 运行中的监视与检查 5. 正确的操作程序	自学或讲课	32

模块序号及名称	单元序号及名称	学习目标	学习内容	学习方式	参考学时
MU6 系统运行专业技能及规定	LE19 装卸桥的安全操作	通过本单元的学习之后，能正确的熟练掌握操作方法，并能独立工作排出故障	1. 操作的基本要求 2. 安全操作的具体内容与操作程序 3. 安全技术与检查维护	自学	8
	LE24 翻车机及其附属设备的安全运行、维护与操作	通过本单元的学习之后，能掌握翻车机及其附属设备的运行要求与有关规定，并能正确进行系统操作	1. 操作程序与运行要求 2. 本体及配套装置启动前检查事项 3. 运行中的注意事项及规定 4. 严禁操作的注意事项及严格规定 5. 运行中的监视检查	自学或讲课	16
	LE27 螺旋卸煤机的运行操作及注意事项	通过本单元的学习之后，能够掌握螺旋卸煤机的安全正确操作和注意事项，并能达到独立操作	1. 螺旋卸煤机的结构及各组成部分的作用 2. 启动前的检查 3. 运行操作的注意事项 4. 运行与维护 5. 运行中的监视、检查	自学	6
	LE29 带式输送机的运行与操作	通过本单元的学习之后，了解皮带机的操作过程及运行中的注意事项	1. 皮带机的运行工作内容 2. 启动前及运行中的注意事项 3. 启停顺序与操作程序 4. 集控及程序操作	自学或讲课	40

模块序号及名称	单元序号及名称	学习目标	学习内容	学习方式	参考学时
MU6 系统运行专业技能及规定	LE34 推煤机的驾驶操作	通过本单元的学习之后，能掌握推煤机正确的行驶操纵，并能达到独立安全驾驶	1. 启动前的准备与检查 2. 运行中的注意事项 3. 行驶中的安全操纵 4. 维护与技术保养 5. 运行中的监视检查	自学或讲课	16
	LE21 卸船机的运行与操作	通过本单元的学习之后，操作司机能够明确步骤要求，按章行事，并能圆满地进行独立操作	1. 各结构的主要作用 2. 安全装置的配置 3. 安全操作及注意事项 4. 运行与维护	自学或讲课	4
MU7 设备常见故障的分析、判断和处理	LE13 斗轮堆取料机常见故障的分析与处理	通过本单元的学习之后，能对一些简单的故障进行较准确的判别，并进行及时处理	1. 液压系统常见故障的分析、处理 2. 斗轮及驱动装置常见故障的分析判断 3. 行走机构常见故障的处理 4. 电气系统常见故障的处理	自学或讲课	32
	LE23 装卸桥常见故障的分析处理	通过本单元的学习之后，能掌握装卸桥机械设备的常见故障和处理方法	1. 机械传动的常见故障与处理 2. 制动器常见故障的处理 3. 电动机常见故障的处理 4. 电气接触器及控制部分常见故障的处理	自学	24

模块序号及名称	单元序号及名称	学习目标	学习内容	学习方式	参考学时
MU7 设备常见故障的分析、判断和处理	LE25 翻车机及其附属设备常见故障的处理方法	通过本单元的学习之后，能对发生的故障进行迅速、果断的判断，进而进行及时处理	1. 翻车机启动时常出现的问题处理 2. 油系统常见故障的处理 3. 电气操作部分常见故障的处理 4. 机械部分常见故障的处理	自学或讲课	24
	LE30 带式输送机常见故障的处理	通过本单元的学习之后，了解皮带机运行时常易出现的故障，并能准确判断进行处理	1. 驱动装置常见故障的处理 2. 胶带跑偏的多种原因及消除 3. 电动机、电气设备常见故障的判断 4. 胶带打滑现象的判断和处理	自学	24
	LE33 推煤机典型故障的排除方法	通过本单元的学习之后，掌握典型故障的处理原则，并能独立进行操作	1. 发动机易出现问题的处理 2 指示仪表常出现故障的判断处理 3. 液压部分常见故障的分析、处理	自学	16
MU8 卸储煤设备的润滑	LE10 转动机械的润滑	通过本单元的学习之后，能正确掌握常用润滑油、润滑脂的使用，正确选用润滑方式	1. 润滑对转动机械使用寿命的影响 2. 润滑油的选用 3. 润滑脂的选用 4. 轴承的润滑 5. 转动部件的润滑	自学或讲课	20
	LE11 润滑在选用中的注意事项及润滑的管理	通过本单元的学习之后，明确不同方式的润滑，一定要按具体规定执行	1. 潮湿环境采用润滑的有关规定，高温下润滑及有关规定 2. 温度低的条件下采用润滑的条文规定 3. 润滑脂润滑滚动轴承时的有关注意事项 4. 特殊润滑的注意事项		24

模块序号及名称	单元序号及名称	学习目标	学习内容	学习方式	参考学时
MU9 燃煤煤质对燃料系统的影响	LE31 煤种变化对卸储煤设备的影响	通过本单元的学习之后，了解煤种的改变对燃料系统和锅炉运行的影响，燃煤对发电成本的影响	1. 煤的分析与基本特性 2. 煤的保管、储存 3. 煤的主要指标对燃料设备及锅炉设备运行的影响 4. 煤的盘点方式和方法	自学或讲课	24
MU10 运行管理的日常操作	LE36 运行管理的日常工作与技术管理	通过本单元的学习之后，掌握运行工作日常主要程序，抓好运行管理	1. 安全教育，技术培训工作 2. 每班认真填写运行记录，认真执行交接班制度 3. 运行设备的维护保养 4. 定期巡回检查设备，发现缺陷、隐患，做好详细记录，有计划地及时排除 5. 提倡眼勤、手勤、腿勤、脑勤，做好事故预想及反事故演习	自学或讲课	16
	LE17 粉尘治理	通过本单元的学习之后，认识环保工作的重要性，创造条件加大粉尘的治理	1. 粉尘治理的新技术应用 2. 合理使用劳动保护用品 3. 运行操作严格执行运行规程	自学	8
	LE6 气候变化对卸储煤工作的影响	通过本单元的学习之后，了解运行维护对应不同气候所采用的操作方式也不同	1. 常温下的基本操作 2. 室外设备"东北"骤冷时，油质的变更与操作方式 3. 冬季、夏季黏煤时的操作方式	自学	8

学习单元序号	学习单元名称	学习单元序号	学习单元名称
LE1	卸储煤值班员的职业道德及电力法规	LE19	装卸桥的安全操作
LE2	安全生产工作规定和事故调查规程	LE20	装卸桥的主要结构及卸船机的结构类型
LE3	电业安全工作规程	LE21	卸船机的运行与操作
LE4	设备技术规范	LE22	翻车机的组成及工作程序
LE5	触电急救、消防急救常识	LE23	装卸桥常见故障的分析处理
LE6	气候变化对卸储煤工作的影响	LE24	翻车机及其附属设备的安全运行、维护与操作
LE7	电气、热工技术在卸储煤设备中的应用	LE25	翻车机及其附属设备常见故障的处理方法
LE8	机械设备常见故障原因及处理	LE26	螺旋卸煤机的基本结构组成
LE9	液压系统常见故障的分析、判断及处理	LE27	螺旋卸煤机的运行操作及注意事项
LE10	转动机械的润滑	LE28	带式输送机的总体结构和不同驱动方式的适应场合
LE11	润滑在选用中的注意事项及润滑的管理	LE29	带式输送机的运行与操作
LE12	斗轮堆取料机的运行及操作	LE30	带式输送机常见故障的处理
LE13	斗轮堆取料机常见故障的分析与处理	LE31	煤种变化对卸储煤设备的影响
LE14	液压系统在设备中主要参数的确定	LE32	新设备安装后的验收评定和新技术的应用推广
LE15	斗轮堆取料机常见故障分析与处理	LE33	推煤机典型故障的排除方法
LE16	电气设备及电动机的运行操作、监视和维护	LE34	推煤机的驾驶操作
LE17	粉尘治理	LE35	计算机应用技术
LE18	电气设备及电动机异常事故的分析和处理	LE36	运行管理的日常工作与技术管理

表2　　　　　　　　　　学习单元名称表

3 职业技能鉴定

3.1 鉴定要求

按本职业《中华人民共和国职业技能鉴定规范·电力行业》执行。

3.2 考评人员

考评人员是在规定的工种（职业）、等级和类别范围内，依据国家职业技能鉴定规范和国家职业技能鉴定试题库电力行业分库试题，对职业技能鉴定对象进行考核、评审工作的人员。

考评人员分考评员和高级考评员。考评员可承担初、中、高级技能等级鉴定；高级考评员可承担初、中、高级技能等级和技师资格考评。其任职条件是：

3.2.1 考评员必须具有高级工、技师或者中级专业技术职务以上的资格，具有 15 年以上本工种专业工龄；高级考评员必须具有高级专业技术职务的资格，取得考评员资格并具有 1 年以上实际考评工作经历。

3.2.2 掌握必要的职业技能鉴定理论、技术和方法，熟悉职业技能鉴定的有关法律、法规和政策，有从事职业技术培训、考核的经历。

3.2.3 具有良好的职业道德，秉公办事，自觉遵守职业技能鉴定考评人员守则和有关规章制度。

鉴定试题库

4

4.1 理论知识（含技能笔试）试题

4.1.1 选择题

下列每题都有 4 个答案，其中只有一个正确答案，将正确答案填在括号内。

La5A1001 我国安全生产的方针是（A）

（A）安全第一，预防为主，综合治理；（B）管生产必须管安全；（C）企业负责，行业管理；（D）其他。

La5A1002 通常所说的交流电压 220V 是指它的（B）。

（A）平均值；（B）有效值；（C）瞬时值；（D）最大值。

La5A1003 下列称为中炭钢的为（A）

（A）45 号钢；（B）30 号钢；（C）20 号钢；（D）10 号钢。

La5A4004 制动器的制动瓦片磨损超过（B）时，应更换新瓦片。

（A）1/3；（B）1/2；（C）2/3；（D）3/4。

La5A2005 液压执行部分是将（C）。

（A）机械能转化为液压能；（B）电能转化为机械能；（C）液压能转化为机械能；（D）电能转化为液压能

La5A2006 异步电动机的转子转速 n 总是（**A**）旋转磁场的同步转速 n_0，即与旋转磁场"异步"转动。

（A）小于；（B）大于；（C）等于；（D）大于或等于。

La5A3007 带式输运机倾斜向上的倾角超过（**A**）时，应加装制动装置。

（A）40°；（B）10°；（C）15°；（D）30°。

La5A4008 对于煤的表面水分在（**B**）就会造成输煤、给煤系统运行困难。

（A）15%；（B）8%～10%；（C）20%；（D）30%。

La4A1009 《中华人民共和国消防法》规定，消防工作方针是（**C**）。

（A）防火为主、防消结合；（B）预防为主、防消结合、专门机关与群众相结合；（C）预防为主、防消结合；（D）预防为主，综合治理。

La4A1010 将电气设备金属外壳和接地装置之间作电气连接叫（**A**）接地。

（A）保护；（B）工作；（C）重复；（D）都不是。

La4A1011 齿轮联轴器的内齿和外齿的齿数应该是（**A**）。
（A）相等；（B）外齿多；（C）内齿多；（D）怎么都可以。

La4A2012 黏度大的润滑油适用于（**C**）的场合。
（A）载荷大、温度低；（B）载荷小、温度低；（C）载荷大、温度高；（D）载荷小、温度高。

La4A2013 水路运来的燃料，一般用测量船的排水深度、海水密度和（C）来确定到达的数量。

（A）密度；（B）容积；（C）皮重表；（D）经验。

La4A2014 一般减速机的轴应用（C）制成。

（A）耐热合金；（B）铸铁；（C）45 号钢；（D）A3 钢。

La4A3015 煤中发热量最高的元素是（B）。

（A）碳；（B）氢；（C）氯；（D）硫。

La4A4016 侧倾式翻车机在零位时，平台上的定位装置的制动铁靴在（C）状态。

（A）不动；（B）下降；（C）上升；（D）先升后降。

La3A2017 液力耦合器是靠（C）来传递扭矩的。

（A）尼龙注销；（B）联轴器；（C）工作油；（D）链条。

La3A2018 皮带机跑偏开关一般设置（B）级警示或保护信号。

（A）一；（B）二；（C）三；（D）四。

La3A3019 下列符号中（C）符号是双向变量油泵。

（A）；（B）；（C）；（D）。

La3A3020 液压泵的工作压力取决于外负载的大小和排油管路上的压力损失，而与液压泵的（B）无关。

（A）压力；（B）流量；（C）负载；（D）管道。

La3A4021 蜗杆传动的特点是（A）。

（A）速比大、传动平稳、有自锁作用；（B）速度小；（C）传动距离大；（D）传动效率高。

La2A2022 皮带预启当中响铃持续时间不应少于（**D**）s。

（A）5；（B）10；（C）20；（D）30。

La2A3023 短时间停用的斗轮机悬臂应停放在（**A**），不得停放在煤堆上，以防煤自燃烧坏设备。

（A）离煤堆 2m 以上；（B）皮带上；（C）固定台上；（D）与输煤皮带垂直位置。

La2A4024 在特别潮湿的地方工作时，灯压不准超过（**D**）V。

（A）220；（B）24；（C）36；（D）12。

La2A4025 露天作业的门式起重机在风力（**B**）时应停止作业。

（A）5 级以上；（B）6 级以上；（C）7 级以上；（D）7.5级以上。

Lb5A1026 生产现场防火区域内进行动火作业,必须同时办理（**B**）。

（A）工作票；（B）动火工作票；（C）工作票、操作票；（D）不用办票。

Lb5A1027 高处作业人员必须配备（**A**）等防护用品。

（A）安全帽、安全带；（B）安全帽；（C）安全带；（D）手套。

Lb5A1028 钢丝绳在滚筒上的排列要整齐,在工作时不能放尽，至少要留（**C**）圈。

（A）3；（B）4；（C）5；（D）2。

Lb5A1029 润滑脂的滴点一般应高于工作温度（**B**）℃。

（A）0～10；（B）22～30；（C）40～50；（D）50～60。

Lb5A1030 电气线路上，由于种种原因相接或相碰，产生电流忽然增大的现象称为（**D**）。

（A）串联；（B）断路；（C）并联；（D）短路。

Lb5A1031 整体式向心滑动轴承主要由（**A**）组成。

（A）轴承座、轴瓦和紧固螺钉；（B）轴承座、轴承盖、油杯；（C）滚动体、内圈、外圈；（D）滚动体、轴承座、内圈。

Lb5A1032 电动机铭牌上的"温升"，指的是（**A**）的允许温升。

（A）定子绕组；（B）定子铁芯；（C）转子；（D）外壳。

Lb5A1033 在涡杆涡轮传动机构中，主传动件是（**B**）。

（A）轴；（B）涡杆；（C）涡轮；（D）齿轮。

Lb5A1034 公制螺纹的牙形角是（**A**）。

（A）60°；（B）55°；（C）20°；（D）50°。

Lb5A1035 两个额定电压相同的电阻串联在电路中,则阻值大的电阻（**A**）

（A）发热量较大；（B）发热量较小；（C）没有明显差别；（D）与阻值小的相同。

Lb5A2036 双联翻车机的配套拨车机牵引力为（**C**）t。

（A）30；（B）40；（C）45；（D）50。

Lb5A2037 DQ1000/1500·40悬臂式斗轮堆取料机取料能力每小时为（**C**）t。

21

（A）1200；（B）1500；（C）1000；（D）40。

Lb5A2038 斗轮堆取料机的斗齿磨损超过原长的（**C**）时要及时补焊或更换。

（A）1/2；（B）2/3；（C）1/3；（D）3/4。

Lb5A2039 装卸桥司机在开车前要检查电源供电情况，电压不应低于额定电压的（**D**）。

（A）50%；（B）60%；（C）70%；（D）85%。

Lb5A2040 装卸桥抓斗运行中，要防止较大的（**A**）。

（A）摆动；（B）啃道；（C）噪声；（D）打滑。

Lb5A2041 在正常情况下，鼠笼式电动机允许在冷状态下（铁芯温度 50℃以下）启动 2～3 次，每次间隔时间不得小于（**A**）min。

（A）5；（B）10；（C）15；（D）20。

Lb5A2042 绝缘电阻表的接线端子有 L、E、G 三个，当测量电气设备绝缘电阻时（**B**）接地。

（A）L 端子；（B）E 端子；（C）G 端子；（D）都不是。

Lb5A2043 设备的一级保养以操作人员为主，维修人员为辅。对设备进行局部检查时，设备一般每运行（**C**）h 进行一次一般保养。

（A）300～400；（B）200～400；（C）500～700；（D）800～1000。

Lb5A2044 液压油应有良好的（**B**）。

（A）挥发性；（B）黏合性；（C）抗乳化性；（D）透明性。

Lb5A2045 运行值班人员在就地启动设备前，应先（**D**）。

（A）与集控人员联系；（B）检查设备；（C）请示班长；（D）按警铃，通告人员离开。

Lb5A3046 高压液压系统中的滤油器一般安装在泵的（**B**）上。

（A）吸油管路；（B）输油管路；（C）回油管路；（D）任何一管上。

Lb5A3047 磨损的轴采用堆焊修复，为了便于加工，堆焊后应进行（**C**）处理。

（A）调质；（B）淬火；（C）退火；（D）回火。

Lb5A3048 油泵标牌上标注的油量是在（**B**）下，油泵的实际流量。

（A）最大压力；（B）额定压力；（C）实际压力；（D）出口压力。

Lb5A3049 润滑是减少和控制（**C**）的极其重要的方法。

（A）发热；（B）传动；（C）摩擦；（D）散热。

Lb5A4050 所有升降口、大小孔洞、楼梯和平台，必须装设不低于（**B**）mm 的栏杆和不低于 **100mm** 的护板。

（A）1500；（B）1050；（C）1000；（D）900。

Lb4A1051 跨越皮带时必须是（**B**）。

（A）皮带已停止运行；（B）经过通行桥；（C）快速跨越；（D）停止皮带运行。

Lb4A1052 1250t/H 桥式卸船机只有在换舱作业时（**D**）。

（A）方可在司机室进行 0°～84.7°悬臂操作；（B）方可在司机室进行 0°～45°悬臂操作；（C）方可在司机室进行 0°～60°悬臂操作；（D）方可在司机室进行 0°～75°悬臂操作。

Lb4A1053 推煤机配合斗轮作业时，应保持（C）m 的安全距离。

（A）2；（B）1；（C）3；（D）0。

Lb4A1054 在紧急情况下（D）都可拉"拉线开关"停止皮带运行。

（A）通知值班员；（B）请示运行班长；（C）运行巡检；（D）任何人。

Lb4A1055 泥浆泵一般适用于泥沙密度比小于（B）的混浊液体。

（A）1:10；（B）1:50；（C）1:100；（D）1:500。

Lb4A1056 销连接的作用是（A）。

（A）连接机件，机件的定位；（B）连接机件；（C）机件的定位；（D）防止振动。

Lb4A1057 轴承室加润滑脂的数量不应超过其容积的（D）。

（A）1/2；（B）1/3；（C）1/4；（D）2/3。

Lb4A1058 液压电动机两活塞环开口位置要错开（B）。

（A）120°；（B）180°；（C）90°；（D）200°。

Lb4A1059 DTⅡ型带式输送机的托辊槽角为（D）。

（A）30°；（B）40°；（C）10°；（D）35°。

Lb4A1060 减速机的油温应不超过（**A**）℃，振动应不超过 **0.1mm**，窜轴不超过 **2mm**。

（A）60；（B）70；（C）80；（D）90。

Lb4A1061 当两轴平行，中心距较远，传动功率较大时，可采用（**A**）。

（A）链传动；（B）齿轮传动；（C）皮带传动；（D）液压传动。

Lb4A2062 连续卸船机悬臂架可作（**B**）回转。

（A）110°；（B）220°；（C）90°；（D）360°。

Lb4A2063 常用标准圆柱齿轮的压力角为（**A**）。

（A）20°；（B）30°；（C）40°；（D）15°。

Lb4A2064 在通常情况下，带式输送机倾斜向上运输的倾斜角不超过（**A**）。

（A）18°；（B）20°；（C）22°；（D）25°。

Lb4A2065 当两轴垂直相交时，选用（**B**）传动。

（A）人字齿轮；（B）圆锥齿轮；（C）圆弧齿轮；（D）斜齿轮。

Lb4A2066 装卸桥抓斗的摆动是由于（**A**）造成的，为防止抓斗的摆动，司机应掌握稳斗技术。

（A）水平惯性力；（B）离心力；（C）摩擦力；（D）重力。

Lb4A2067 电动机运行中，电源电压不能超出电动机额定电压的（**B**）。

（A）±20%；（B）±10%；（C）±5%；（D）±30%。

Lb4A2068 垫圈密封属于（**D**）。

（A）动密封；（B）旋转密封；（C）机械密封；（D）静密封。

Lb4A2069 消防水管道通常涂成（**D**）色。

（A）黑；（B）绿；（C）黄；（D）红。

Lb4A2070 三角传动带（**C**）与皮带轮接触。

（A）底面；（B）顶面；（C）两侧面；（D）底面和两侧面。

Lb4A2071 缓冲托辊的作用就是用来在受料处减少物料对（**B**）的冲击。

（A）构架；（B）胶带；（C）滚筒；（D）导料槽。

Lb4A3072 燃煤应按品种或（**C**）分类，分堆存放。

（A）水分；（B）挥发分；（C）煤质；（D）含碳量。

Lb4A3073 煤的发热量是煤在一定温度下完全燃烧时所释放出的（**B**）。

（A）物理热量；（B）最大反应热；（C）最小反应热；（D）动能。

Lb4A3074 液压系统方向控制阀的安装，一般应使轴线安装在（**A**）位置上。

（A）水平；（B）垂直；（C）室内；（D）倾斜。

Lb4A3075 外啮合直齿圆柱齿轮传动：轮齿与齿轮轴线平行，传动时两轴回转方向（**B**）。

（A）相同；（B）相反；（C）时而相同，时而相反；（D）不一定。

Lb4A4076 钢丝绳的断股数在捻节距内超过总数的（**B**）时应该更换钢丝绳。

（A）5%；（B）10%；（C）15%；（D）20%。

Lb3A2077 在一般系列产品中槽形托辊槽角为（**C**）。

（A）20°；（B）30°；（C）35°；（D）40°。

Lb3A2078 翻车机的控制方式有就地手动、（**C**）控制和自动控制三种，其中自动控制又分为继电器自动控制和微机程序自动控制。

（A）远方；（B）手动；（C）集中手动；（D）机械。

Lb3A2079 摩擦面间的摩擦系数和（**C**）的大小是随着摩擦面的润滑状态的不同而不同。

（A）压力；（B）润滑油；（C）摩擦阻力；（D）摩擦面。

Lb3A2080 输煤集控各设备间连锁的基本原则是：故障情况下，必须（**B**）停止运行设备。

（A）顺煤流方向；（B）逆煤流方向；（C）逐台；（D）通知班长。

Lb3A3081 当空气中煤粉尘的浓度达到（**A**）g/m^{3}以上时，若遇有很小的火种即会发生煤粉尘的突然着火爆炸。

（A）35；（B）45；（C）30；（D）25。

Lb3A5082 往复活塞式内燃机的使用最为广泛，它可按不同的分类方式分为（**C**）种类型。

27

（A）6；（B）7；（C）8；（D）9。

Lb3A3083 对翻车机的结构件应采用（**B**）钢板制成。

（A）A3；（B）16Mn；（C）热轧；（D）冷轧。

Lb3A3084 煤中的表面水分超过（**B**），就会严重威胁输煤运行的安全可靠，影响生产。

（A）5%～10%；（B）10%～12%；（C）20%～25%；（D）20%～30%。

Lb3A4085 齿面损坏面积沿齿长方向和齿高方向均超过（**B**）时，应更换齿轮。

（A）10%；（B）20%；（C）30%；（D）40%。

Lb2A2086 拉紧小车的轮子与轨道的间隔不得大于（**C**）mm，轮子与轨道间应定期涂油，以增加其润滑性。

（A）2；（B）3；（C）5；（D）8。

Lb2A2087 开式系统是指系统中（**A**）的油泵从油箱吸油。

（A）接到油箱；（B）接到进口；（C）接到低压系统；（D）接到出口。

Lb2A2088 通常落煤管内的耐磨衬板磨损到原来的（**B**）时，应进行更换。

（A）30%；（B）35%；（C）40%；（D）50%。

Lb2A2089 运行中发现皮带跑偏严重影响运行时应（**A**）。

（A）紧急停机；（B）用调偏托辊进行调偏；（C）汇报班长；（D）联系检修。

Lb2A3090 翻车机 PLC 程序自动控制的执行机构按其动作原理可分成（**C**）种。

（A）1；（B）64；（C）2；（D）3。

Lb2A3091 计算机与 PLC 机之间连接，构成（**C**）系统。

（A）下位连接；（B）同位连接；（C）上位连接；（D）普通连接。

Lb2A3092 涡轮齿的磨损量一般不准超过原齿厚的（**D**）。

（A）1/2；（B）1/3；（C）2/3；（D）1/4。

Lb2A3093 煤尘对人体的危害，特别是粒度为（**B**）μm 的粉尘，容易透肺叶，使工人患职业病。

（A）0.6～10；（B）0.5～5；（C）0.1～0.3；（D）10～20。

Lb2A4094 连杆用于连接活塞和曲轴，并将活塞的往复运动变成曲轴的（**B**）。

（A）直线运动；（B）旋转运动；（C）往复运动；（D）抛物运动。

Lc5A1095 液力耦合器的传动最高效率可达（**A**）以上。

（A）98%；（B）90%；（C）80%；（D）78%。

Lc5A1096 由外单位在电力生产设备系统上作业时，工作票应由（**A**）。

（A）管理该设备的电业生产单位签发；（B）施工单位签发；（C）上级主管部门签发；（D）安监部门签发。

Lc5A1097 劳动保护是国家和单位为保护劳动者在劳动生产过程中的安全和健康所采取的立法、组织和（**B**）的总称。

（A）人员管理；（B）技术措施；（C）信息管理；（D）环境卫生。

Lc5A2098 火力发电厂的生产过程是把燃料的化学能转变为（A）。

（A）电能；（B）机械能；（C）热能；（D）动能。

Lc5A2099 能引起煤尘爆炸的最低浓度叫爆炸下限。煤粉尘的爆炸下限为（C）g/（m^2×m）。

（A）150；（B）100；（C）114；（D）1000。

Lc5A2100 《电力生产事故调查规程》中规定特大人身事故为一次事故死亡（D）人及以上者。

（A）20；（B）30；（C）40；（D）50。

Lc5A3101 在安全生产工作的保护对象中，（C）是第一位的。

（A）物；（B）财产；（C）人；（D）环境。

Lc4A1102 我国电网的交流电频率是 50Hz，它的周期是（B）s。

（A）0.2；（B）0.02；（C）0.04；（D）0.05。

Lc4A1103 在串联电路中，每个电阻上流过的电流（C）。

（A）愈靠前的电阻，电流愈大；（B）愈靠后的电阻，电流愈大；（C）相同；（D）不清楚。

Lc4A1104 平行托辊一般用于下托辊起（B）作用。

（A）调节跑偏；（B）支撑空段皮带；（C）张紧；（D）防

打滑。

Lc4A2105 分子间隙最小的是（**B**）。

（A）液体；（B）固体；（C）气体；（D）液体和气体的混合物。

Lc4A2106 燃煤的水分增加，会使锅炉的烟气量（**C**）。

（A）减少；（B）不变；（C）增加；（D）适当。

Lc4A2107 《电力生产事故调查规程》中规定：重大人身事故为一次事故死亡（**C**）人及以上，或一次事故死亡和重伤10人及以上，未构成特大人身事故者。

（A）10；（B）5；（C）3；（D）1。

Lc4A3108 检修工作如不能按计划期限完工，必须由（**C**）办理工作延期手续。

（A）工作票签发人；（B）工作许可人；（C）工作负责人；（D）任何人。

Lc3A2109 发生人身触电事故，在进行救护时，首先应采取的措施是：（**B**）。

（A）立即检查触电者是否还有心跳呼吸，如没有，应立即进行心肺复苏；（B）立即断开电源使触电者与带电部分脱离；（C）立即拨打120呼叫救护车；（D）用手拉开触电者。

Lc3A3110 重车调车机（或拨车机）由（**A**）发出指令。

（A）摘钩台；（B）翻车机；（C）迁车台；（D）空车调车机（或推车机）。

Lc2A2111 制动器制动瓦片磨损不超过原厚度的（**C**），超过时应更换。

(A) 1/5；（B) 1/4；（C) 1/2；（D) 2/3。

Lc2A3112　绝对压力与表压力的关系是（**A**）。

（A）$p_绝 = p_表 + B_{大气压}$；（B）$p_表 = p_绝 + B_{大气压}$；（C）$B_{大气压} = p_绝 + p_表$；（D）绝对压力等于表压力。

Jd5A1113　PLC 的含意是（**C**）。

（A）单控程控出口继电器；（B）内部存储器；（C）可编程序控制器；（D）输入输出模块。

Jd5A1114　安全带使用（**A**）年后,按批量购入情况,抽验一次。围杆带做静负载试验，以 **2206N（225kgf）**拉力拉 **5min**,无破断可继续使用。

（A）1；（B）1.5；（C）2；（D）2.5。

Jd5A2115　严禁清仓机和卸煤机在同一舱口内同时工作，并且距清舱机停放位置（**D**）m 区域内禁止下落抓斗抓煤。

（A）3；（B）1.5；（C）2.5；（D）2。

Jd5A2116　液压系统图中，指针压力表符号为（**A**）。

(A) ⏀；（B) ⊗；（C) ⏀；（D) ⏀。

Jd5A3117　以下不会导致胶带机打滑的原因是（**A**）。

（A）滚筒黏煤；（B）带负荷启动；（C）非工作面有水；（D）拉紧配重轻。

Jd4A1118　对于可能带电的电气设备以及发电机等应使用（**B**）。

（A）干砂灭火；（B）干式灭火、二氧化碳灭火；（C）清洁水灭火；（D）泡沫灭火器。

Jd4A1119 齿面损坏面积沿齿长方向和齿高方向均超过（**B**）时，应更换齿轮。

（A）10%；（B）20%；（C）30%；（D）40%。

Jd4A2120 煤场推煤机堆煤高度较高，其极限爬坡角为（**C**）。

（A）20°；（B）25°；（C）30°；（D）35°。

Jd4A2121 当外力作用在两个相互接触的物体上时，就在其接触面上产生阻碍物体运动的阻力，其相互接触的物体就称为（**C**）。

（A）摩擦；（B）摩擦力；（C）摩擦副；（D）摩擦系数。

Jd4A3122 液压系统图中，粗过滤器符号为（**A**）。

（A）；（B）；（C）；（D）。

Jd3A2123 内燃机按工作循环的冲程数分，有 4 冲程内燃机和（**D**）。

（A）8 冲程内燃机；（B）6 冲程内燃机；（C）4 冲程内燃机；（D）2 冲程内燃机。

Jd3A2124 在液压传动的基本参数中，流量 Q 与速度 v 的关系为（**A**），其中 A 为面积。

（A）$v = \dfrac{Q}{A}$；（B）$R = PA$；（C）$v = \dfrac{A}{Q}$；（D）$v = QA$。

Jd3A3125 输煤设备的减速机在运行中齿轮和轴承的润滑油，按其使用的情况属于（**C**）。

（A）一次使用；（B）两次使用；（C）循环使用；（D）永久使用。

Jd3A3126 技术管理是指对（**A**）过程中全部技术活动进行科学管理的总称。

（A）生产；（B）安全；（C）双文明工作；（D）企业改造。

Jd2A2127 人工式卸煤汽车和自卸式卸煤汽车在同时卸煤时应保持（**D**）m 的距离。

（A）5；（B）10；（C）15；（D）20。

Jd2A3128 胶带在尾部跑偏时，滚筒轴承支座的调整方向应为（**A**）。

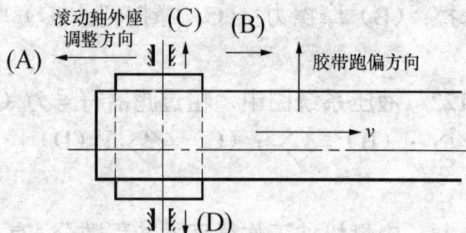

Je5A1129 输煤系统所有的落煤管对水平面的倾角应不小于（**C**）。

（A）45°～50°；（B）50°～55°；（C）55°～60°；（D）60°～65°。

Je5A1130 工作完工后，工作许可人在一式两份的工作票上记入终结时间，双方签名后盖上"已执行"印章，（**B**）。

（A）工作负责人将两份工作票全收回；（B）双方各留一份；（C）工作许可人将两份工作票全留下；（D）不用保留。

Je5A1131 《劳动防护用品监督管理规定》第十八条规定："生产经营单位不得采购和使用无（**A**）的特种劳动防护用品。"

（A）安全标志；（B）安全警示；（C）许可标志；（D）特种标识。

Je5A1132 带式输送机在输送物料时要求物料含水率一般不大于（**C**），手握物料成团，松手后物料自然散开为好。

（A）2%；（B）4%；（C）8%；（D）10%。

Je5A1133 转速不太高的中小型齿轮一般采用（**A**）润滑。

（A）密闭齿轮油浴式；（B）开式齿轮油浴式；（C）喷射式；（D）压力喷油。

Jd5A1134 液力耦合器是靠（**C**）来传递扭矩的。

（A）尼龙注销；（B）联轴器；（C）工作油；（D）齿轮。

Je5A1135 单级减速中，大齿轮浸油深度为（**A**）。

（A）1～2齿高；（B）3～4齿高；（C）4～5齿高；（D）全浸。

Je5A1136 在易污染的环境中，低速或中速球和滚子轴承，要把轴承盖里（**A**）填满。

（A）全部空间；（B）全部空间的1/2～3/4；（C）全部空间的1/4～1/2；（D）全部空间的2/3。

Je5A1137 齿轮泵在工作过程中，有吸油腔和压油腔，这两个腔就是（**A**）。

（A）密封的工作容积；（B）油缸；（C）油箱；（D）油池。

Je5A1138 100kW及以上的异步电动机允许在冷态下连续启动（**A**）。

（A）2次；（B）4次；（C）1次；（D）3次以上。

Je5A1139 螺栓与螺母拧紧后，螺栓应露出螺母（**B**）个螺距；沉头螺钉紧固后，钉头应埋入机件内，不得外露。

（A）1；（B）2～4；（C）4～5；（D）不限。

Je5A1140 调节斗轮大臂的升降速度时，应调节（**D**）。

（A）溢流阀；（B）换向阀；（C）减压阀；（D）节流阀。

Je5A1141 盘式除铁器的有效吸铁距离为（**B**）mm。

（A）450～550；（B）420～520；（C）450；（D）400。

Je5A1142 输煤系统的粉尘具有爆炸危险，与粉尘爆炸危险性有关的因素是（**A**）。

（A）粉尘的浓度、粒度和温度；（B）粉尘的浓度；（C）粉尘的粒度和温度；（D）粉尘的浓度和粒度。

Je5A1143 油泵过热的原因有（**C**）。

（A）油泵损坏；（B）油的黏度过小；（C）油泵磨损或损坏、油的黏度过大、油泵超过额定压力运行三种；（D）油泵抽空。

Je5A1144 上下码头和跨越两船时，如高低相距（**A**）m以上者，应使用跳板或梯子。

（A）0.5；（B）1；（C）1.5；（D）2。

Je5A1145 测量轴承间隙时，使用（**D**）。

（A）游标卡尺；（B）内径千分尺；（C）外径千分尺；（D）塞尺。

Je5A2146 在液压传动系统中，用来防止油反向流动的部件是（**C**）。

（A）溢流阀；（B）泄荷阀；（C）单向阀；（D）换向阀。

Je5A2147 油泵按流量特性可分为（**A**）两种。

（A）定量泵和变量泵；（B）叶片泵和柱塞泵；（C）齿轮泵和叶片泵；（D）多级泵和单级泵。

Je5A2148 液压系统中，控制液体流量的是（**C**）。

（A）溢流阀；（B）顺序阀；（C）节流阀；（D）换向阀。

Je5A2149 为了提高泵的流量均匀性和运转稳定性，可采用的齿轮泵为（**B**）。

（A）正齿轮；（B）螺旋齿轮或人字齿轮；（C）涡轮；（D）斜齿轮。

Je5A2150 实际应用中，齿轮、皮带轮、联轴器与轴常用（**C**）来连接。

（A）螺纹；（B）螺栓；（C）键；（D）棒销。

Je5A2151 圆柱齿轮减速箱有单级、两级（**B**）。

（A）三级和四级四种；（B）和三级三种；（C）三级、四级和五级五种；（D）三级、四级、五级和六级六种。

Je5A2152 减速机内油量应在标尺的（**A**）。

（A）第一线以上第三线以下；（B）第一线以下；（C）第三线以上；（D）任意位置。

Je5A2153 在运行中，滚动轴承的温度不能超过（**A**）℃。

（A）80；（B）90；（C）100；（D）120。

Je5A2154 皮带机更换新皮带后试运转跑偏，主要原因是

（C）。

（A）上托辊不正；（B）滚筒中心不正；（C）胶带接头不正；（D）下托辊不正。

Je5A2155 防止煤场自燃的措施是（B）。
（A）定期浇水；（B）分层压实；（C）块末分离；（D）混配。

Je5A2156 运行中应经常监视电动机电流的变化，不允许超过（B）。
（A）额定电流的 2 倍；（B）额定电流；（C）额定电流的 3 倍；（D）额定电流的 1.5 倍。

Je5A2157 低压电动机使用 1000V 绝缘电阻表测量，绝缘电阻值大于（A）MΩ时，方可投入运行。
（A）0.5；（B）6；（C）1；（D）5。

Je5A2158 在柴油机中，供给系统的燃油与空气分别引入气缸，（A）进行混合。
（A）在气缸内；（B）在气缸外；（C）在活塞内；（D）在油箱内。

Je5A2159 带式输送机的检查方法可概括为（D）四个字。
（A）仔细认真；（B）落实责任；（C）预防为主；（D）看、听、嗅、摸。

Je5A2160 对于翻车机等设备的空载试运转，应用手动控制使用各设备按工作过程动作几次，一般不少于（A）。
（A）3 次；（B）2 次；（C）1 次；（D）数次。

Je5A2161 钢丝绳应松紧合适，无严重断股现象。一般断股不应超过（**D**）。

（A）30%；（B）20%；（C）15%；（D）10%。

Je5A2162 螺旋卸煤机在螺旋吃煤时不能用大车的快速行走速度卸车，吃上层煤时，螺旋应（**B**）下降。

（A）快速；（B）慢速；（C）加快；（D）全速。

Je5A2163 高压液压系统中的滤油器一般安装在泵的（**B**）上。

（A）吸油管路；（B）输油管路；（C）回油管路；（D）任何一管。

Je5A3164 螺旋卸煤机的螺旋在进入煤车前，车厢门必须（**A**）。

（A）已经打开，两侧无人；（B）已经关闭；（C）已经打开，两侧有人；（D）已经关闭，两侧无人。

Je5A3165 带式传动中，最大应力发生在（**A**）。

（A）张紧侧胶带与主动轮的接触点；（B）松弛侧胶带与主动轮的接点处；（C）张紧侧胶带与从动轮的连接处；（D）松弛侧胶带与从动轮的接点处。

Je5A3166 斗轮堆取料机取料作业的方式有（**C**）。

（A）斜坡层次取料法；（B）垂直取料法；（C）斜坡层次取料法和水平取料法；（D）水平取料法。

Je5A3167 拉紧滚筒应位于轨道的（**C**）处，在轨道上滑动灵活。

（A）1/2；（B）1/3；（C）1/4；（D）1/5。

Je5A3168 推煤机堆煤的高度较高，其爬坡角为 25°，极限爬坡角应小于（**D**）。

（A）60°；（B）50°；（C）45°；（D）30°。

Je5A3169 推煤机在空载的情况下，从障碍物上下来时，可使用（**A**）。

（A）制动器；（B）离合器；（C）加速器；（D）变速器。

Je5A3170 制动带与制动轮毂的接触面应光滑，接触面积应不小于（**C**）。

（A）1/4；（B）1/3；（C）3/4；（D）1/2。

Je5A4171 液力耦合器连续运行时，工作油温不超过（**A**）℃。

（A）90；（B）105；（C）118；（D）134。

Je5A4172 上调心托辊支架应比槽型托辊支架高（**D**）mm，且转动灵活。

（A）3～4；（B）4～5；（C）6～8；（D）8～10。

Je5A4173 装卸桥电动机均匀发热的主要原因是作业繁重，超过（**B**）而过载，或是在低电压下作业。

（A）绝缘电阻；（B）额定值；（C）温度；（D）额定转数。

Je4A1174 安全色中的（**C**）表示提示、安全状态及通行的规定。

（A）黄色；（B）蓝色；（C）绿色；（D）黑色。

Je4A1175 氧气瓶和溶解乙炔气瓶的距离不得小于（**D**）m。

（A）2；（B）3；（C）6；（D）8。

Je4A1176 任何设备上的标示牌，除原来放置人员或负责的运行值班人员外，其他任何人员（**A**）。

（A）不准移动；（B）也可移动；（C）根据需要移动；（D）移动后报告班长。

Je4A1177 拉紧装置使皮带贴紧在传动滚筒上，以防止（**A**）。

（A）打滑；（B）跑偏；（C）撕裂；（D）皮带撒煤。

Je4A1178 容积式液压传动的特点是外部负载越大，其工作压力（**D**）。

（A）与外部负载无关；（B）不变；（C）越低；（D）越高。

Je4A1179 翻车机所有转动部件应转动灵活，无杂音，振动不超过规定值，温度不超过（**D**）℃。

（A）100；（B）85；（C）80；（D）60。

Je4A1180 液压推杆制动器的制动瓦应正确地贴在制动轮上，其间隙应为（**A**）mm。

（A）0.8～1；（B）1.5～2；（C）1.3～1.5；（D）2～3。

Je4A1181 内外螺纹旋合时，螺纹的（**D**）要素必须相等。
（A）4；（B）3；（C）6；（D）5。

Je4A1182 悬臂式斗轮堆取料机的斗轮安装在（**B**）。

（A）尾车上；（B）悬臂梁的一侧；（C）进料皮带上；（D）活动梁上。

Je4A1183 疏散标志灯安装在安全出口的顶部，楼梯间、疏散走道及其转角处，应安装在（**C**）m 以下的墙面上，不宜安装的部位可安装在上部。

（A）0.5；（B）1；（C）2；（D）3。

Je4A1184　电动机与耦合器的半联轴节连接，应保证轴向间隙在（**D**）mm 之间。

（A）3～5；（B）2～3；（C）5～6；（D）2～4。

Je4A1185　人字型沟槽胶面安装有一定要求，人字尖端与胶带运行方向（**C**）。

（A）相反；（B）无所谓；（C）一致；（D）成 90°角。

Je4A1186　如果天气较寒冷，有结冰的可能性时，推煤机停车后应待冷却水的温度降低些再将水全部放出，降低后的水温度在（**D**）℃左右。

（A）80；（B）60；（C）50；（D）40。

Je4A1187　温度大于（**D**）的灯具，当靠近可燃物时，应采取隔热、散热等防火措施。

（A）30°；（B）40°；（C）50°；（D）60°。

Je4A1188　耦合器的合金易熔塞的熔化温度为（**C**）℃，如因故障使工作油油温升高而熔掉易熔塞，工作油喷出，应立即停机排除故障。

（A）90；（B）100；（C）120；（D）130。

Je4A1189　凡电动机停转时间等于或大于（**D**）min 者，即为冷态。

（A）60；（B）120；（C）40；（D）30。

Je4A1190　皮带运行时，（**B**）清除滚筒上的积煤及进行皮带下面的清扫工作。

（A）允许；（B）禁止；（C）请示班长后；（D）用水冲洗。

Je4A1191 齿轮点蚀面积沿齿宽、齿高超过（**D**）时应报废。

（A）35%；（B）40%；（C）50%；（D）60%。

Je4A2192 煤堆的温度超过（**A**）℃，必须采取压实和翻堆，提前取煤。

（A）60；（B）65；（C）70；（D）80。

Je4A2193 内漏泄指元件内部（**A**）压腔内的泄漏液流。

（A）高低；（B）低高；（C）无压；（D）损坏。

Je4A2194 三位四通换向阀有（**A**）。

（A）3个工作位置，4个油口；（B）3个油口，4个工作位置；（C）3个进油口，4个出油口；（D）3个出油口，4个进油口。

Je4A2195 齿形联轴器的齿厚磨损超过原齿厚的（**C**）时，应更换。

（A）5%～10%；（B）10%～12%；（C）15%～30%；（D）30%～35%。

Je4A2196 托辊的滚体是由（**B**）制成的。

（A）不锈钢管；（B）无缝钢管；（C）铝合金管；（D）铸铁管。

Je4A2197 油泵的流量取决于工作空间可变容积的大小，与（**A**）无关。

（A）压力；（B）转速；（C）时间；（D）密度。

Je4A2198 液压系统按液流循环方式的不同，可分为（A）液压传动系统。

（A）开式和闭式；（B）开式；（C）闭式；（D）多级式。

Je4A2199 重牛推车器的推送速度一般为（C）m/s。
（A）0.5；（B）0.78；（C）1～1.5；（D）2。

Je4A2200 翻车机本体推车器的推送距离一般为（A）m。
（A）8；（B）10；（C）12；（D）20。

Je4A2201 液压系统中，环境温度越高，所选用的液压油黏度就（B）。
（A）越低；（B）越高；（C）适中；（D）任意。

Je4A2202 当三相交流电的电压降低时，三相异步电动机的转速将（C）。
（A）不变；（B）增加；（C）减小；（D）不变。

Je4A2203 为了防止摩擦片的烧损，严禁离合器处于（A）状态。
（A）半结合；（B）结合；（C）分离；（D）工作。

Je4A2204 低压电动机的绝缘电阻最低不小于 0.5MΩ，6kV 高压电动机的绝缘电阻最低不小于（B）MΩ。
（A）2；（B）6；（C）5；（D）4。

Je4A2205 对于直齿圆柱齿轮传动，其齿根弯曲疲劳强度主要取决于（D）。

（A）中心距和齿宽；（B）中心距和模数；（C）中心距和齿数；（D）模数和齿宽。

Je4A2206 制动器瓦片磨损，超过其原来厚度的（A）时，应予更换。

（A）1/2；（B）1/3；（C）2/3；（D）3/4。

Je4A2207 用 Y—△变换启动的电动机是为了（C）。

（A）增加启动速度；（B）减小启动时间；（C）减小启动电流；（D）减小冲击电流。

Je4A2208 翻车机启动前，蓄能器压力不得低于（D）MPa。

（A）10；（B）5；（C）1；（D）0.2。

Je4A2209 人字形沟槽滚筒安装时，人字形尖端应与胶带运行方向（A）。

（A）相同；（B）相反；（C）无关；（D）由皮带机功率大小决定。

Je4A3210 尼龙柱销联轴器的用途性能与弹性柱销联轴器（A）。

（A）相同；（B）不同；（C）有区别；（D）无大区别。

Je4A3211 力矩联轴器有（A）保护电动机的作用。

（A）过载；（B）高速；（C）低速；（D）中速。

Je4A3212 液压系统的清洗常用（C）。

（A）汽油；（B）水；（C）液压工作油或试车油；（D）柴油或煤油。

Je4A3213 既承受弯矩，又承受扭矩的轴为（**B**）轴。

（A）传动；（B）转；（C）实心；（D）空心。

Je4A3214 迁车台移向空车线的条件是（**A**）及空车调车机（或推车机）返回。

（A）空车入台；（B）重车调车机（或拨车机）返回；（C）空车出台；（D）无。

Je4A3215 皮带机滚筒包胶面磨损超过原厚度的（**C**）时，应及时更换包胶。

（A）1/2；（B）1/3；（C）2/3；（D）3/4。

Je4A3216 输煤机械的轴承应有充足良好的润滑，滚动轴承温度不超过（**A**）℃，无异响，无轴向窜动。

（A）80；（B）70；（C）60；（D）50。

Je4A4217 燃料表面水分的增加，原煤流散性逐渐恶化，会使煤仓输煤管道及给煤机等（**A**）

（A）黏结，堵塞；（B）加速磨损；（C）腐蚀加速；（D）不能运行。

Je4A4218 1250t/h 桥式卸船机抓斗小车是实现（**C**）。

（A）物料装卸的工作机构；（B）物料移动的工作机构；（C）抓斗装卸物料的工作机构；（D）物料装卸的行走机构。

Je3A2219 机械各部件是否正确地装到应有的位置，直接影响到机械的正常运转，关系到摩擦副的磨损速度，决定着（**B**）。

（A）润滑剂的使用寿命；（B）摩擦件的使用寿命；（C）机械精度；（D）润滑油的黏度。

Je3A2220 斗轮堆取料机的斗轮边缘均焊有耐磨的牙，可以在冬季破碎煤堆表面的冻层取料，冻层可取厚度一般不大于（**D**）mm。

（A）300；（B）200；（C）150；（D）100。

Je3A2221 斗轮边缘上的"斗刃（斗唇）"如发现磨损应及时补焊，补焊时应超过原长的（**A**）。

（A）1/3；（B）1/2；（C）3/5；（D）1/4。

Je3A2222 斗轮机满负荷试车时间一般不少于（**C**）h。

（A）2；（B）4；（C）6；（D）8。

Je3A2223 迁车台的标高误差的质量标准为（**A**）mm。

（A）±3；（B）±5；（C）±10；（D）±15。

Je3A2224 为防止铁牛牵车时电动机过载运行而烧毁，控制系统采用（**B**）作为电动机的主保护。

（A）过电压保护；（B）过流保护；（C）限位保护；（D）耦合器。

Je3A2225 电流互感器的二次绕组运行中不得（**B**），对不使用的二次绕组应在接线连接板处短接，并直接接地。

（A）短路；（B）开路；（C）接地；（D）发热。

Je3A2226 与润滑油比较，润滑脂的特点在以下描述中错误的是（**C**）。

（A）流动性差，不易流失，故维护工作量小；（B）密封可靠，能较好地阻止外界粉尘进入摩擦副；（C）因为用量小，故散热性能好；（D）输送性能差。

Je3A2227 制动器检修后，制动轮与闸瓦片间的间隙，在制动轮松开状态下，当轮径为$\phi300$时为 **0.7mm**，轮径为$\phi400$时为（**C**）**mm**。

（A）1.5；（B）1；（C）0.8；（D）0.5。

Je3A2228 斗轮机取料机构的取料板与斗轮间隙不大于（**A**）**mm** 时，斗轮转动与静止部分不发生摩擦现象。

（A）30；（B）50；（C）80；（D）100。

Je3A3229 一根 45 号钢的轴，对磨损部分进行补焊时为了使机加工便于车削，必须进行（**A**）热处理。

（A）退火；（B）滚火；（C）正火；（D）调质。

Je3A3230 胶带运输机的螺旋拉紧装置的拉紧行程较短，同时又不能自动保持恒张力，一般适用于距离小于（**C**）**m**、功率小的输送机。

（A）100；（B）150；（C）80；（D）200。

Je3A3231 两标准直齿圆柱齿轮不能啮合，其主要原因是（**D**）。

（A）齿顶圆不等；（B）分度圆不等；（C）齿数不等；（D）模数不等。

Je3A3232 推煤机如需放机油并且使悬浮在表面的杂质随机油一起排除时，应在发动机熄灭后（**A**）。

（A）立即进行；（B）冷却一段时间后进行；（C）温度与环境温度相同时再进行；（D）低于环境温度时进行。

Je3A3233 电动机运行中应无剧烈振动，振动值在允许范围之内，窜轴不应超过（**C**）。

（A）6～10mm；（B）5～6mm；（C）2～4mm；（D）10mm以上。

Je3A3234 电动三通挡板电动机空转的原因是（**A**）。

（A）推杆内部连接销子坏；（B）落煤筒内有煤；（C）限位坏；（D）挡板坏。

Je3A3235 翻车机翻车时储能器活塞杆的伸出长度以（**C**）为宜。

（A）5～10mm；（B）100～300mm；（C）150～200mm；（D）250mm以上。

Je3A3236 造成输煤系统皮带打滑的主要原因是（**C**）。

（A）落煤偏斜；（B）传动滚筒偏斜；（C）初张力太小；（D）没有调偏托辊。

Je3A3237 减速机找正后，地脚螺栓的垫片每处不应超过（**B**）片。

（A）1；（B）2；（C）3；（D）4。

Je3A4238 制动瓦片的铆钉沉头与瓦片深不应小于瓦片厚度的（**D**）。

（A）1/5；（B）1/3；（C）1/4；（D）2/3。

Je3A4239 安装在油箱上方的液压系统，有时会发生油泵吸油困难现象，以下哪种说法不正确（**D**）。

（A）油箱油位过低；（B）吸油过滤网有堵塞；（C）油温过低；（D）油黏度过低。

Je3A4240 齿轮的齿厚磨损小于原齿厚的（**B**）时，应更换。

（A）40%；（B）70%；（C）80%；（D）90%。

Je3A5241 在三位电磁换向阀中，当磁铁不通电时，阀芯应处在（**C**）位置。

（A）左；（B）右；（C）中间；（D）任意。

Je3A5242 对胶带运输机出现打滑的原因分析，下列说法错误的是（**D**）。

（A）皮带张力太小；（B）超过额定负荷；（C）皮带非工作面有水或积煤；（D）滚筒转速变慢。

Je2A2243 用绝缘电阻表摇测电气设备绝缘量，如果绝缘电阻表转速与要求转速低得很多时，其测量结果与实际值比较（**A**）。

（A）可能偏高；（B）可能偏低；（C）大小一样；（D）忽高忽低。

Je2A2244 对于闭式的蜗杆在下式传动，浸油深度应为蜗杆的（**B**）个齿高。

（A）1.5；（B）1；（C）2；（D）2.5。

Je2A2245 尼龙柱销联轴器，其用途性能与弹性柱销联轴器（**A**）。

（A）相同；（B）不同；（C）有区别；（D）无大区别。

Je2A2246 平行托辊一般用于下托辊，起（**A**）作用。

（A）支撑空段皮带；（B）拉紧；（C）连接构架；（D）增强机械强度。

Je2A2247 **ZBSV—40** 轴向柱塞泵的最大排量为（**A**）。

（A）40mL/r；（B）40L/r；（C）40L/min；（D）40mL/min。

Je2A2248 三位阀指阀芯相对阀体三个（**C**）的方向控制阀。
（A）中位置；（B）通路数；（C）工作位置；（D）油口。

Je2A2249 1000V 以下的电动机定子的绝缘电阻值不得
小于（**A**）MΩ。
（A）0.5；（B）1；（C）100；（D）1000。

Je2A2250 KFJ—1A 型侧倾式翻车机液压缸的最高压力
为（**B**）Pa。
（A）$30×10^5$；（B）$50×10^5$；（C）$60×10^5$；（D）$80×10^5$。

Je2A2251 侧倾式翻车机液压系统的正常油温范围是（**B**）℃。
（A）30～80；（B）35～60；（C）40～75；（D）60～100。

Je2A3252 1250t/h 桥式卸船机只有在换舱作业时（**B**）。
（A）才可在司机室进行 0°～84.7°的悬臂操作；（B）才可在
司机室进行 0°～75°的悬臂操作；（C）才可在司机室进行 0°～
45°的悬臂操作；（D）才可在司机室进行 75°以上的悬臂操作。

Je2A3253 斗轮机回转使用的交叉滚子轴承的滚子长度
比直径（**D**）。
（A）长 1 倍；（B）相等；（C）大 1mm；（D）小 1mm。

Je2A3254 $2mH_2O$ 的压强相当于（**C**）MPa。
（A）2；（B）0.2；（C）0.02；（D）0.002。

Je2A3255 螺旋卸车机驾驶室装设电气关门闭锁是为了（**A**）。
（A）人身安全；（B）防尘；（C）防噪声；（D）冬季防寒。

51

Je2A3256 数台推煤机共同在一个工地作业时，其前后距离不得小于 **8m**，左右距离不得小于（**C**）m。

（A）0.5；（B）1；（C）1.5；（D）2。

Je2A3257 翻车机在零位时，调整平台两端与基础滚动止挡的间隙，此间隙对有定位器的一端以 **0～1mm** 为宜，对另一端以（**B**）mm 为宜。

（A）0～2；（B）0～4；（C）4～5；（D）5～8。

Je2A3258 推煤机工作应平稳，吃土不可太深，推煤刀起落不要太猛。推煤刀距地面距离一般以（**B**）m 为宜，不要提得太高。

（A）0.2；（B）0.4；（C）0.6；（D）0.8。

Je2A3259 所有转动机械检修后的试运操作均由（**B**）根据检修负责人的要求进行，检修工作人员不准自己进行试运行操作。

（A）值长；（B）运行值班员；（C）运行主任；（D）运行专工。

Je2A3260 推耙机在码头上行驶时，应注意与卸船机保持（**B**）m 以上的安全距离以防止碰擦。

（A）2；（B）3；（C）4；（D）5。

Je2A4261 油路振动的原因有（**C**）。

（A）管道中吸入空气；（B）溢流阀溢流；（C）管道中吸入空气和溢流阀溢流两种原因；（D）齿轮磨损。

Je2A4262 油泵过热的原因有（**A**）。

（A）油泵磨损或损坏、油的黏度过大和油泵超过额定压力运行三种；（B）油泵磨损或损坏一种；（C）油的黏度过小一种；
（D）油泵抽空。

Je2A4263 柴油机调速器的作用是当外界负荷发生变化时，使柴油机在规定的转速下稳定运行而能自动调节供油量，即供油量随外界负荷的（**A**）。

（A）增加而增加，减小而减小；（B）增加而减小，减小而增加；（C）变化而保持不变；（D）增加而成反比例关系变化。

Je2A4264 装设接地线应（**A**），拆接地线的顺序与此相反。

（A）先接接地端，后接导体端；（B）先接导体端，后接接地端；（C）同时接接地端和导体端；（D）停电后都可以。

Je2A5265 检修后的液压缓冲器，各部动作灵活，无犯卡现象，其主缸柱塞的活塞头部和多孔管配合间隙为（**C**）mm，同心度为 **0.03mm**。

（A）0.06～0.08；（B）0.08～0.10；（C）0.03～0.05；（D）0.10～0.20。

Je2A5266 翻车机传动装置中传动小齿轮与转子圆盘上的齿圈啮合情况应良好，传动小齿轮的轴心线与转子的轴心线应保持平行，齿侧间隙为（**A**）mm。

（A）2；（B）3；（C）3.5；（D）2.5。

Jf5A1267 在事故处理过程中，各岗位对班长发出的正确命令均应服从，若出现错误命令并将危及设备及人身安全时，应（**B**）。

（A）坚决执行；（B）拒绝执行并提出正确的建议；（C）选择执行；（D）都不对。

Jf5A1268 当环境温度为 **40℃** 时，变压器绕组的上层油温不得超过（**C**）℃。

（A）65；（B）75；（C）85；（D）95。

Jf5A1269 发现有人触电，应先（**A**）。

（A）立即切断电源，使触电人脱离电源，并进行急救；（B）向领导汇报；（C）进行抢救；（D）找救护车。

Jf5A2270 适用于扑救 **600V** 以下的带电设备火灾的是（**D**）。

（A）泡沫灭火器；（B）二氧化碳灭火器；（C）干粉灭火器；（D）1211 灭火器。

Jf5A2271 保证安全的技术措施是：停电、验电、（**A**）、悬挂标示牌和装设遮拦。

（A）装设接地线；（B）戴绝缘手套；（C）地面垫橡胶；（D）手测试。

Jf5A2272 在工作票中，对工作负有安全责任的有（**D**）。

（A）工作票签发人；（B）工作负责人；（C）工作许可人；（D）全部都是。

Jf5A2273 人体距离电流入地点越近，承受的跨步电压（**A**）。

（A）越高；（B）越低；（C）为零；（D）一样。

Jf5A3274 触电急救法必须分秒必争，立即就地迅速用（**B**）进行抢救。

（A）打氧气；（B）心肺复苏法；（C）按压心脏；（D）药品。

Jf4A4275 当两轴平行，中心距较远，传动功率较大时宜采用（**D**）。

（A）键传动；（B）齿轮传动；（C）皮带传动；（D）链传动。

Jf4A1276 发生电气火灾时，应首先（**A**）。

（A）切断电源；（B）用能扑灭电气火灾的消防器材救火；（C）用水救火；（D）报警。

Jf4A1277 为了防止工作人员发生触电、灼伤、高处坠落、煤气中毒等事故，必须正确使用（**A**）。

（A）安全用具；（B）安全规程；（C）绝缘手套；（D）安全带。

Jf4A1278 按《中华人民共和国安全生产法》第四十七条规定，从业人员在（**A**）情况下，有权停止作业或者采取可能的应急措施后撤离作业场所。

（A）发现直接危及人身安全的紧急情况时；（B）出现危险情况时；（C）发现随时可能发生事故时；（D）可能坠落。

Jf4A1279 触电急救时通畅气道、人工呼吸和（**A**）是心肺复苏法支持生命的三项基本原则。

（A）胸外心脏按压法；（B）胸外猛压；（C）双背伸张压胸法；（D）口鼻通畅法。

Jf4A2280 电动机着火时，应立即切断电源，并用（**D**）灭火。

（A）泡沫灭火器；（B）水；（C）干粉灭火器；（D）二氧化碳灭火器。

Jf4A2281 配电变压器停电时，应先断开（C）。

（A）高压侧跌落式熔断器；（B）低压侧隔离开关；（C）低压侧各送出线路的断路器；（D）无要求。

Jf4A2282 离开特种作业岗位（C）以上的特种作业人员，应当重新进行实际操作考核，经确认合格后方可上岗作业。

（A）3个月；（B）6个月；（C）一年；（D）二年。

Jf4A3283 防止煤堆自燃的措施有（A）。

（A）分层压实组堆，建立定期测温制度，及时消除自燃祸源；（B）分层压实组堆；（C）降低环境温度；（D）经常注水。

Jf4A4284 一般煤的自然堆积角为（C）。

（A）5°～10°；（B）10°～20°；（C）30°～45°；（D）50°～60°。

Jf3A2285 库存煤盘点一般（B），盘点前需将煤场、煤沟等库存煤整理成一定形状，然后丈量计算出体积并根据煤的密度计算出库存煤量。

（A）每月进行三次；（B）每月进行一次；（C）三个月进行一次；（D）半年进行一次。

Jf3A2286 煤场的长度过长时，带式输送机的长度也随之加长，较为经济的运行长度一般为（B）m。

（A）400；（B）250；（C）100；（D）300。

Jf3A3287 煤场与空气的接触面积小且易通风散热时，自燃的可能性（C）。

（A）较大；（B）适中；（C）较小；（D）不能自燃。

Jf3A3288 对于烟煤，表面水分在（**B**）时，就会造成输煤、给煤系统运行困难。

（A）15%；（B）8～10%；（C）25%；（D）20%。

Jf3A4289 三相鼠笼式异步电动机在启动时，启动电流很大，但启动转矩并不大，其原因是（**B**）。

（A）转子转速低；（B）转子功率因数低；（C）转子电流；（D）瞬间压降大。

Jf3A4290 挥发分是煤在（**B**）℃下隔绝空气加热 **7min**，煤中有机物发生分解而析出的气体和常温下的液体占试样加热前的质量百分比。

（A）200±10；（B）900±10；（C）700±10；（D）800±10。

Jf3A4291 按疲劳产生的原因，可将疲劳分为心理性疲劳和（**B**）。

（A）精神疲劳；（B）生理性疲劳；（C）环境疲劳；（D）作业疲劳。

Jf3A4292 运行中电动机轴承温升的主要原因是（**C**）。

（A）滚珠已损坏；（B）滚环间隙过小；（C）严重缺油；（D）转子与定子摩擦。

Jf3A4293 带式输送机胶带跑偏的原因之一是落煤点不正，处理方法是（**A**）。

（A）调整落煤点；（B）调整导料槽；（C）调整落煤管；（D）调整落煤点托辊。

Jf3A4294 环锤式碎煤机的特点之一是出料粒度均匀，粒度在（**C**）mm 以下。

（A）10；（B）20；（C）30；（D）40。

Jf3A4295　带式输送机系统设置连锁装置的作用是减少系统中输送机的启停次数，保证系统中的输送机能顺序启停。当系统中重要部件出现故障时（**B**）。

（A）系统报警；（B）系统会自动停止；（C）系统不受影响；（D）只停止故障设备。

Jf3A4296　当负载增大，耦合器内油温升高时，首先发生的现象是（**C**）。

（A）皮带停止运转；（B）电动机停转；（C）耦合器易熔塞熔化；（D）发生异响。

Jf3A4297　减速器连续运行中，其油温最高不能超过（**B**）℃。

（A）100；（B）85；（C）60；（D）95。

Jf2A4298　配煤过程中（**B**）是反映各种煤混合程度的指标，也是控制单位时间内入炉煤煤质波动范围的指标。

（A）混煤的挥发分；（B）混煤的均匀性；（C）混煤的粒度；（D）混煤的发热量。

Jf3A2299　对于需要长期储存的煤，尤其是低变质程度的煤，组堆时要（**C**），减少空气和雨水的透入，防止煤的自燃。

（A）和其他煤一起存放；（B）可以任意堆放；（C）分层压实；（D）块末分离。

Jf3A3300　燃煤管理是一项兼有生产管理和经营管理的工作，主要包括（**A**）。

（A）燃煤供应计划的编制，燃料的成本核算，燃煤的数量和质量验收，燃煤的合理储备，燃煤的盘点和混配等；（B）燃煤的数量和质量验收；（C）煤场自燃的管理；（D）混配煤的管理。

Jf3A3301 碎煤机启动后电流来回摆动，其原因是（B）。

（A）给料不均匀；（B）转子不平衡；（C）大块卡住；（D）轴承损坏。

4.1.2 判断题

判断下列描述是否正确。正确在括号内打"√",错误在括号内打"×"。

La5B1001 在液压系统加油时不同标号的液压油不允许混合使用。(√)

La5B1002 电动机的温升就是电动机允许的最高工作温度。(×)

La5B1003 液压传动系统在换向时有撞击和振动现象。(×)

La5B2004 燃油的物理特性为黏度、凝固点、燃点、闪点和密度。(√)

La5B2005 煤中的灰分的多少,是衡量煤质好坏的重要指标。(√)

La5B2006 斗轮机液压系统的压力调得越高越好。(×)

La5B2007 带式输送机的倾角超过 4°时,就要设置制动装置。(√)

La5B3008 按照液流循环方式的不同,液压系统可分为开式和闭式两种形式。(√)

La5B4009 翻车机卸车线由翻车机调车设备和给煤设备组成。(×)

La4B1010 溢流阀的作用是调整系统压力,保护系统。(√)

La4B1011 当发生皮带机胶带轻微一级跑偏时,防偏开关能发出报警信号,并切断电源。(×)

La4B2012 挥发分含量对燃料燃烧性影响很大,挥发分含量越高越容易燃烧。(√)

La4B2013 开式齿轮因为齿面磨损快,一般不会出现腐蚀现象。(√)

La4B3014 一对相啮合的内齿轮传动,其轮齿的旋转方向相同。(√)

La4B3015 在液压系统中,油泵是将机械能转化为液体内能的设备。(×)

La4B4016 额定电流是指电气设备允许长期通过的电流。(√)

La3B2017 串联电路中电流处处相同,等于线路电流。(√)

La3B3018 液压油泵一般可分为齿轮泵、叶片泵和柱塞泵三种。(×)

La3B4019 溢流阀的作用是使系统压力保持稳定不变,能在一定范围内进行压力调节。(√)

La3B5020 在容积式液压传动中,油泵流量越大,工作速度越快;反之,工作速度越慢。(√)

La2B2021 物料卷入皮带机回程段,将造成胶带非工作面的非正常磨损。(√)

La2B3022 油缸在液压系统中是将液压能转换为机械能的能量转换装置。(√)

La2B3023 液力耦合器除泵轮、涡轮外,还具有导轮。(×)

La2B4024 发现煤斗内如有燃着或冒烟的煤时,要立即进入煤斗灭火。(×)

La2B5025 液体的压力有以下特性:液体内部对上面有压力;压力的大小随着深度的增加而增加,在同一深度上,压力相等。(×)

Lb5B1026 在断电时,ROM 存储器中的信息不会丢失。(√)

Lb5B1027 翻车机本体的最大回转角度为 175°。(√)

Lb5B1028 安全色规定为红、蓝、黄、绿四种颜色,其中黄色是禁止和必须遵守的规定。(×)

Lb5B1029 翻车机迁车台的事故载重不大于 100t。(√)

Lb5B1030 输煤系统除铁设备的作用是除掉混在煤中的杂物，保证输煤系统及制粉系统的安全。（×）

Lb5B1031 MDQ150符号中的"M"代表门式，"D"代表堆料。（√）

Lb5B1032 斗轮机上的传动方式有皮带传动和齿轮传动两种。（×）

Lb5B1033 齿轮传动的特点是使用寿命长，但传动效率低。（√）

Lb5B1034 在安装时绝不允许用工具直接敲打铸铝件表面，也不允许用加热方法进行安装。（√）

Lb5B1035 斗轮机都设有一个急停按钮，用于紧急情况断掉动力电源。（×）

Lb5B1036 液压系统中起调压作用的液压元件主要是节流阀。（×）

Lb5B2037 落煤管衬板磨损严重，当大于厚度的50%时，应予以更换。（√）

Lb5B2038 必要时液力耦合器的易熔塞可用普通螺栓代替。（×）

Lb5B2039 门式斗轮机的配料小车行走减速机构为行星摆线针轮减速机。（√）

Lb5B2040 溢流阀为压力控制阀，单向阀为方向控制阀。（√）

Lb5B2041 链斗卸船机防大块动作后，必须人工进行清理。（×）

Lb5B2042 倾斜带式输送机一般都要设置防逆转装置。（√）

Lb5B2043 当风速高达20m/s时，斗轮机应立即停止工作，开到锚定位置锚固，夹轨器夹紧。（√）

Lb5B2044 液压系统的主油路采用开式回路。（×）

Lb5B2045 ZL50装载机采用的制动控制阀是串列双腔控

制阀。（×）

Lb5B2046　液压系统中压力的大小取决于电动机的功率。（×）

Lb5B2047　硫化胶接时，为了使接口能够快速冷却，可以采用水冷的方法。（×）

Lb5B2048　对磨损的轴采用堆焊方法修复，为便于加工，堆焊后一般应进行回火处理。（×）

Lb5B3049　油泵的流量取决于工作空间的压力变化。（×）

Lb5B3050　油泵标牌上标注的油量是在最大压力下的实际流量。（×）

Lb5B3051　液压系统的工作压力取决于负荷，工作速度取决于流量。（√）

Lb5b3052　链传动中链条的节数最好采用奇数。（×）

Lb4B1053　当直流电压为 36V 时，是安全电压，在任何条件下工作，只要电压不超过 36V，都可以保证安全。（×）

Lb4B1054　额定功率相同的电动机，转速低者转矩大，转速高者转矩小。（√）

Lb4B1055　力矩联轴器有过载保护电动机的作用。（√）

Lb4B1056　异步电动机铭牌上的"温升"指的是转子的温升。（×）

Lb4B1057　一般万用表使用完毕后，测量转换开关应转到高电压挡。（√）

Lb4B2058　输送带的受料不均匀或偏斜不会引起胶带的跑偏。（×）

Lb4B2059　带式输送机的人字形沟槽滚筒有较高的摩擦系数，有良好的驱动性能。（√）

Lb4B2060　装卸桥在大中型火力发电厂中只能作为辅助运煤设备。（√）

Lb4B2061　电动机的额定转速是指电动机空载时的转速。（×）

Lb4B2062　门式堆取料机的水平全层取料法就是大车不行走取煤。（√）

Lb4B2063　堆取料机的回转堆料是指 360°的回转，这种堆料方法使煤场利用系数高。（×）

Lb4B2064　遇有电器设备着火时，应立即进行灭火，防止事故扩大，然后将有关设备的电源切断。（×）

Lb4B2065　内泄是正常情况下，从液压元件的密封间隙漏过大量油液的现象。（×）

Lb4B2066　调整溢流阀的压力，逆时针转动手柄，压力降低。（√）

Lb4B2067　液压传动的压力方向，流量容易控制。（√）

Lb4B2068　带传动和链传动都是摩擦传动。（×）

Lb4B2069　设备的一级保养是以操作人员为主，维修人员为辅。（√）

Lb4B3070　滚动轴承是由内圈、外圈、保持架三部分组成的。（×）

Lb4B3071　平行托辊一般用于下托辊，起支撑空段皮带作用。（√）

Lb4B3072　带式输送机的传动原理是胶带的摩擦传动原理。（√）

Lb4B3073　带式输送机正常运行后，胶带在各处的张力是相同的。（×）

Lb4B3074　带式输送机输送带的宽度决定于带式输送机的输送量和输送带的速度。（√）

Lb4B3075　在液压系统加油时，不同标号的液压油不允许混合使用。（√）

Lb4B3076　翻车机是目前大型火力发电厂的高效卸煤设备。（√）

Lb4B4077　侧倾式翻车机的车辆中心与回转中心是一致的。（×）

Lb4B4078　翻车机是大型火力发电厂唯一的卸煤设备。（×）

Lb3b2079　起重机正在吊物时,任何人员不准在吊杆和吊物下停留或行走。（√）

Lb3B2080　储煤场内煤堆底部与靠近煤堆的铁轨间至少应有1.5m的距离,如果装煤或卸煤的机器须在其间进行工作,还需适当加宽。（√）

Lb3B2081　燃料中的含碳量和灰分及挥发分的含量,是衡量燃料质量的重要依据。（√）

Lb3B3082　人字形沟槽滚筒安装时,人字形尖端应与胶带运行方向相反。（×）

Lb3B3083　刚性联轴器是用来连接两轴,使其一同旋转从而传递扭矩的装置,它允许轴向有较大的位移。（√）

Lb3B3084　黏度是液压油的主要参数,黏度大,油液阻力大,推动液压元件就费劲,黏度小,容易泄漏。（√）

Lb3B3085　齿轮油泵密封容积的变化,是依靠齿轮在啮合过程中的变化来实现的。（×）

Lb3B3086　钙基脂是最早应用的一种润滑脂,有较强的抗水性。（√）

Lb3B4087　绝缘油的主要作用是绝缘和冷却。（√）

Lb3B4088　事故拉线开关是供现场值班人员在发现设备故障及威胁人身安全时,随时停止设备运行的装置。（√）

Lb3B4089　装卸桥的主要参数是跨度和生产能力。（√）

Lb3B4090　使用电流互感器和电压互感器时,其二次绕组应分别并联、串联接入被测电路中。（×）

Lb3B5091　迁车台上钢轨与基础上钢轨接头间隙不应大于6mm。（√）

Lb2B2092　在液压系统中,油温上升异常的原因是:油的黏度小,受到外界影响,油路振动。（×）

Lb2B2093　斗轮堆取料机的供电方式有软电缆卷筒供电

和滑触线供电等几种。（√）

Lb2B2094 电动机停转时间等于或大于 30min 即为冷态。（√）

Lb2B2095 触电急救时通畅气道、人工呼吸和胸外心脏按压法是心肺复苏法支持生命的三项基本原则。（√）

Lb2B2096 配电变压器停电时，应先断开低压侧隔离开关。（×）

Lb2B3097 液压系统中油路产生泡沫的原因是：油箱内油位过高，油路内有空气。（×）

Lb2B3098 正常运行中，电动机电流不得超过额定值的 +5%。（×）

Lb2B3099 带式输送机如果经常重载启动，对电动机没有影响。（×）

Lb2B3100 螺旋拉紧器的拉紧行程较短，能自动保持张紧力。（×）

Lb2B4101 翻车机零位时，翻车机平台上的钢轨应与基础上的固定钢轨对准，两轨端头应留有 10～15mm 的间隙。（×）

Lb2B4102 通常为了得到缓慢的、平稳的活塞杆运动速度，应用带节流装置或油液阻尼装置的缸。（√）

Lb2B4103 液力耦合器有自动无级变速的特点，但没有自动无级变矩的作用。（√）

Lb2B4104 为使测量结果准确度高，选择仪表量程时，应使指针指示位于靠近满刻度 1/5 范围内。（×）

Lb2B5105 零位时，翻车机平台轨面与基础上轨面的高低差不大于 5mm，两侧面差不大于 3mm。（×）

Lc5B1106 液压油是液压系统的工作介质，不是液压元件的润滑剂。（×）

Lc5B1107 当触电者呼吸、心跳都停止时，单人抢救时，胸外心脏按压和吹气次数之比为 15:1。（×）

Lc5B2108 表压的一个工程大气压值等于 1MPa。（×）

Lc5B3109 在电路中，任意两点之间的电位差称为这两点的电压，电压越大，电流也越大。（×）

Lc4B1110 通常所说的交流电压 220V 是指它的最大值。（×）

Lc4B1111 带式输煤机系统的集中控制启动应按顺煤流方向进行。（×）

Lc4b2112 带式输煤机系统集中控制设备的启停应有连锁装置。（√）

Lc4B2113 集中手动控制方式是指值班员在控制室对每个设备一对一的进行手动启停操作。（√）

Lc4B2114 拆接地线的顺序是先拆导体端，后拆接地端。（√）

Lc4B2115 多滚筒驱动是使远距离输送带降低最大张力的唯一方法。（×）

Lc4B3116 皮带机尾部安装的缓冲托辊主要是用来在受料处减少物料对尾部滚筒的冲击。（×）

Lc4B3117 在原工作票的停电范围内增加工作任务时，若需变更或增设安全措施者，应填用新的工作票，并重新履行工作许可手续。（√）

Lc3B3118 禁止在运行中清扫、擦拭和润滑机器的旋转和移动部分以及把手伸入栅栏内。（√）

Lc3B3119 液压传动系统容易防止设备过载和避免事故。（√）

Lc3B4120 人字齿轮实质上是两个尺寸相等而齿方向相反的斜齿轮组合，其轴向力可抵消。（√）

Lc3B4121 环式碎煤机的锤环可以相对摆动，可以把不能破碎的铁块或其他硬物反射到除铁室内。（√）

Lc2B3122 圆柱齿轮减速器只可以用正转传动。（×）

Lc2B3123 轴承运转时温升不得急剧变化，最高温度不得超过 70℃。（√）

Lc2B4124 交流电压、电流表指示的数值是有效值。（√）

Jd5B1125 当设备异常运行可能危及人身安全时，应向班长汇报。（×）

Jd5B1126 生产工作场所，禁止存放汽油、煤油、酒精、橡胶水等易燃物品。（√）

Jd5B2127 交联聚乙烯绝缘电缆在允许载流量下运行时，导体最高允许温度为 90℃。（√）

Jd5B2128 燃料应成型堆放，把不同品种的煤堆放在一起。（×）

Jd5B3129 滚筒或托辊外面任一端筒部黏上煤后，其两端的直径发生变化，两边胶带产生了速度差，从而使胶带由速度大的一边跑向速度小的一边。（√）

Jd5B3130 运行班长在工作负责人将工作票注销退回之前，不准将检修设备加入运行。（√）

Jd4B1131 运来的燃料，一般用测量船的排量深度和容积来确定数量。（×）

Jd4B2132 保证安全的组织措施是工作票制度、工作许可制度、设备消缺制度。（×）

Jd4B2133 翻车机电动机（倾翻电动机）现大多采用双速电动机。（√）

Jd4B3134 斗轮机启动前，首先要落实好设备的运行方式是堆料还是取料。（√）

Jd4B3135 油的燃点越低，着火的危险性越小。（×）

Jd4B3136 转速为 3000r/min 的电动机运行时，振动值不超过 0.085mm。（×）

Jd4B3137 一般输煤机械中黄油杯的螺纹是采用圆柱管螺纹。（√）

Jd4B3138 水平布置的胶带运行中打滑的原因之一是胶带已伸长。（√）

Jd3B3139 转子式翻车机主要由转子、平台、压车机构和

传动装置等主要部分组成。（√）

Jd3B4140　翻车机推车器的推车条件为翻车机在零位压钩升起，止挡器躺倒，牵车台对准重车线。（√）

Jd2B3141　转子式翻车机是使翻卸的车辆中心远离翻车机回转中心，使车厢内煤倾翻到车辆一侧的受料斗内。（×）

Jd2B4142　斗轮机的取料作业是在斗轮回转，活动梁升降与大车行走密切配合的情况下完成的。（×）

Je5B1143　耦合器充油时，工作油必须经 $80\sim100$ 目/cm^2 的滤网过滤后才能冲入液力耦合器。（√）

Je5B1144　翻车机的试运原则为先电控后机械，先手动后自动，先空载后重载。（√）

Je5B1145　翻车机液压系统齿轮泵的额定压力 18MPa。（×）

Je5B1146　门式斗轮堆取料机将斗轮安置在活动梁上，门式斗轮堆取料机能堆料，又能取料。（√）

Je5B1147　堆取料机作业时，根据取料需要可进行底层取料、分层取料或开辟工作面。（√）

Je5B1148　斗轮机在大小修或停止使用超过一周的情况下，启动前必须进行空载实验。（√）

Je5B1149　斗轮机取底层煤时，要防止有大块沿尾车斜坡滚下卡刮坏皮带。（√）

Je5B1150　空车铁牛的安全工作要点是当空车溜过牛坑时，才能启动空牛推车。（√）

Je5B1151　斗轮机和推煤机配合作业时，距离不得小于 2m。（×）

Je5B1152　翻车机翻车时，储能器的路塞杆出不出都可以。（×）

Je5B1153　带式输送机空载正常，重载后跑偏是落煤点不正造成的。（√）

Je5B1154　螺旋卸煤机卸完煤后，应随即将螺旋提升起。

（√）

Je5B1155　补救可能产生有毒气体的火灾（如电缆着火等）时，补救人员应使用负压式空气呼吸器。（×）

Je5B1156　在液压系统加油时不同标号的液压油不允许混合使用。（√）

Je5B1157　大功率输送机采用双滚筒传动可以降低输送带的张力。（√）

Je5B1158　当润滑油混入水后，油的颜色变浅。（√）

Je5B1159　输送带的运行阻力大于传动能力时，输送带将在滚筒上打滑。（√）

Je5B1160　安全工器具室内不得存放不合格的安全工器具。（√）

Je5B1161　异步电动机在热状态下允许连续启动 1～2 次。（√）

Je5B2162　单位体积液体的质量称为液体的容重。（×）

Je5B5163　翻车机电动机电流升高、温度升高或冒烟电动机嗡嗡响不转的原因是动、静部分相碰。（√）

Je5B2164　在受料或配料皮带严重跑偏时，应立即停止取料或堆料，进行处理。（√）

Je5B2165　工作票签发人可兼作工作负责人。（×）

Je5B2166　使用梯子时，梯子与地面的斜角应为 60°左右。（√）

Je5B2167　电磁换向阀是以电磁铁为动力，操作滑阀运动，实现油路换向。（√）

Je5B2168　翻车机是一种采用机械的力量将车辆翻转而卸出物料的设备。（√）

Je5B2169　按翻卸形式来分，翻车机可分为转子式和侧倾式两种。（√）

Je5B2170　在翻车机液压系统油泵前后分别装有粗滤油器和精滤油器。（√）

Je5B2171 轴承装配时，标有规格代号的侧面应面向内侧。（×）

Je5B2172 带式输送机采用槽角为 30°的槽型托辊，输送物料平稳。（√）

Je5B2173 电动机的温升就是电动机允许的最高工作温度。（×）

Je5B2174 两只额定电压相同的电阻，串联在适当的电压上，则额定功率较大的电阻发热量较大。（×）

Je5B2175 在运行中的带式输送机发现打滑时，可直接用手撒沙子。（×）

Je5B2176 带式输送机运行中，严禁人工清理煤，并对胶带进行清扫或处理。（√）

Je5B2177 当导体沿磁力线运动时，导体中产生的感应电动势将为零。（√）

Je5B2178 带式输送机在一般情况下，不允许重载启动。（√）

Je5B2179 黏度小的润滑油适用于载荷小、温度低的场合。（√）

Je5B2180 弹簧清扫器清扫输送带工作面，允许采用较高的带速并且效果较好。（√）

Je5B2181 黏度大的润滑油适用于载荷大、温度低的场合。（×）

Je5B2182 倾斜输送机大都采用垂直式拉紧装置。（√）

Je5B2183 皮带机跑偏开关一般设置一级报警和二级停机保护信号。（√）

Je5B3184 带式输送机的头部、尾部和拉紧装置必须设有防护罩，没有防护罩的禁止运行。（√）

Je5B3185 轴和齿轮的点蚀面积沿齿宽、齿高超过 60%应报废。（√）

Je5B3186 皮带运输机在运行时，不允许敲打、更换托辊，

但可以用手迅速地清除胶带上的杂物。（×）

Je5B3187　带式输送机运行中，胶带的跑偏会使胶带的边缘磨损加快，因此运行中要监视皮带跑偏。（√）

Je5B3188　带式输送机的减速器在运行中振动突然剧增的原因是缺油。（×）

Je5B3189　带式输送机的减速器在运行中温度缓慢升高的主要原因是缺油或油质不好。（√）

Je5B3190　轴承和轴的配合都是紧配合。（×）

Je5B4191　物质燃烧必须具备可燃物、助燃物、着火源三个条件。（√）

Je4B1192　输送带在尾部滚筒向一侧跑偏的主要原因是尾滚筒不正或表面黏煤。（√）

Je4B1193　带式输送机中已采用的可逆调心槽形托辊其唯一的作用是防止胶带不与其立辊磨损。（×）

Je4B1194　输送带在头部滚筒向一侧跑偏的原因是头部滚筒不正或表面黏煤。（√）

Je4B1195　电力系统中的设备有运行、热备用、冷备用、检修四种状态。（√）

Je4B1196　当两轴平行、中心距较远、传动功率较大时宜采用链传动。（√）

Je4B1197　输送胶带中冷黏工艺最主要的是黏接剂质量和固化压力。（√）

Je4B1198　输送胶带层数的多少与输送机的滚筒直径大小有关。（√）

Je4B1199　交接班必须做到"四交接"是现场交接、实物交接、站队交接、工作交接。（√）

Je4B1200　对于可逆的带式输送机可以采用人字形沟槽的头部滚筒。（×）

Je4B2201　带式输送机运行时煤流偏北，胶带向南跑偏。（√）

Je4B2202 小车式拉紧装置可适用于输送机较长，功率较大的情况。（√）

Je4B2203 菱形沟槽的头部包胶滚筒适用于可逆式带式输送机。（√）

Je4B2204 带式输送机的立导辊是用来防止胶带运行跑偏的。（√）

Je4B2205 双滚筒驱动的带式输送机其两个驱动滚筒的直径可以不一样。（×）

Je4B2206 螺旋拉紧器适用于 120m 以内的小功率的水平型新式输送机。（×）

Je4B2207 带式输送机启动时，电流正常，但输送带不转动的原因是拉紧器太松。（×）

Je4B2208 带式输送机启动时，出现电流过大，带速降低的现象，是由于输送带有卡住的地方，应停机检查。（√）

Je4B2209 人字形沟槽滚筒安装时，人字形尖端应与胶带运行方向相反。（×）

Je4B2210 输送带的张力是沿输送机的线路变化的，该数值是设计和选择部件的主要依据。（√）

Je4B2211 翻车机的压车装置属于液压压车装置。（√）

Je4B2212 翻车机的靠车装置是机械靠车装置。（×）

Je4B2213 交流异步电动机能用变频来调速，这是其自身所具有的特性，科学技术的发展使这一技术成为现实。（√）

Je4B2214 两支座的翻车机解决了中间支座积煤严重的问题。（√）

Je4B2215 翻车机的定位装置安装在平台的进车端。（×）

Je4B2216 翻车机推车器停放在进车端。（√）

Je4B2217 翻车机在空载运转后，可带负载试运转。（×）

Je4B2218 装卸桥的跨度就是桥的长度。（×）

Je4B2219 装卸桥的工作原理与桥式抓斗起重机的工作原理一样。（√）

Je4B2220 液压换向阀的作用是改变液流方向和开关油路。（√）

Je4B3221 钢丝绳报废标准是一个捻节距内断丝数达到总钢丝数的 10%。（√）

Je4B3222 振动筛筛孔被磨大后，其筛分效率会提高。（×）

Je4B3223 翻车机安装或大修后，进行试转的原则为先电控后机械，先自动后手动，先空载后重载。（×）

Je4B3224 翻车机卸车线设备主要包括迁车台、重车调车设备、翻车机和空车调车设备。（√）

Je4B3225 液压推杆制动器的制动轮必须定期用煤油清洁，使摩擦表面光滑无油腻。（√）

Je4B3226 带传动时，皮带在主动滚筒上的包角不能小于150°。（√）

Je4B3227 斗轮堆取料机的悬臂胶带输送机一定是可逆的。（√）

Je4B3228 一张工作票中，工作票签发人、工作负责人和工作许可人三者可以互相兼任。（×）

Je4B3229 堆取料机的斗轮每回转一次，单位回转角度内的取煤量是相等的。（×）

Je4B3230 正弦交流电的三要素是最大值、角频率和初相角。（√）

Je4B3231 当悬臂胶带输送机反转时，斗轮将煤从煤场取出，送入胶带输送机系统。（√）

Je4B4232 翻车机在手动控制空载试运二次合格后方可进行卸煤运行。（×）

Je4B4233 装卸桥的吊装载荷包括抓斗装置和吊物的质量。（×）

Je4B4234 电子皮带秤的测速传感器应安装在皮带工作面处。（×）

74

Je4B4235 落煤管堵煤信号装置是检测落煤管中有无堵塞现象。（√）

Je3B2236 拉紧装置的作用就是保证胶带有足够的张力，以避免它在传动滚筒上打滑，并保证托辊间输送带的挠度在规定范围内。（√）

Je3B2237 滚筒黏煤后，滚筒直径加大，胶带就会向黏煤侧偏的更厉害。（×）

Je3B2238 胶带跑偏发生时，应将跑偏侧的调偏托辊向胶带前进方向调整。（√）

Je3B2239 电子皮带秤安装后应进行静态调零和动态调零，准确校正后才可投入运行。（√）

Je3B3240 翻车机中用以改变压力油的工作方向使油缸升起落下的是溢流阀。（×）

Je3B3241 在液压传动系统中，用来防止油反向流动的部件是溢流阀。（×）

Je3B3242 当溢流阀钢球上所受的油压作用力小于弹簧力时，钢球将堵住阀口使油液不能通过。（√）

Je3B3243 起重机械静力试验的目的是检查起重设备的总强度和制动器的动作。（√）

Je3B3244 电液换向阀由电磁阀起先导控制作用，通过液压操纵阀改变油流方向，也可用于压力卸载。（√）

Je3B3245 电磁换向阀是以电磁铁为动力，操作滑阀动作，实现油路换向的。（√）

Je3B3246 弹性联轴器具有较好的缓冲和减震能力，主要是弹性零件起作用。（√）

Je3B3247 带式输送机拉紧装置的作用之一是保证胶带足够的张力。（√）

Je3B3248 装卸桥的桥架的挠性支腿在运行中允许有晃动。（√）

Je3B4249　连接电气控制系统和液压工作系统的是电磁换向阀和电液换向阀。（√）

Je3B4250　电动机在额定出力运行时，三相不平衡电流不得超过额定电流的 5%。（√）

Je3B4251　由于定子绕组最容易发热，所以铭牌上的温度指定子绕组的最高允许温升。（√）

Je3B4252　装卸桥的小车提升卷筒的钢绳，当抓斗放到煤场地面时其钢绳正好没有了，符合要求。（×）

Je3B4253　所谓接地保护，是将电气设备、器具的金属外壳与大地作可靠连接。（√）

Je3B4254　制动轮表面粗糙度为 3.2，表面太粗糙或太光滑均会造成制动性能的差异。（√）

Je3B5255　斗轮堆取料机的悬臂梁的俯仰动作是靠一双作用的油缸来实现的。（×）

Je3B5256　煤在储煤罐中的流动方式有整体流动和中心流动两种。（√）

Je2B2257　皮带给煤机的运行给煤是靠胶带与煤斗间煤的摩擦作用，将煤给到受煤设备上，因此带速不能过高。（√）

Je2B2258　事故抢修工作时间超过 4h 的检修工作，仍应办理工作票。（√）

Je2B2259　轴承的温度增加，一般不会加速油的氧化。（×）

Je2B2260　磨损是开式齿轮传动的主要损坏形式。（√）

Je2B2261　在键传动中，键仅受剪切力。（×）

Je2B3262　带式输送机拉紧装置的作用之一是保证胶带有足够的张力，使滚筒和胶带之间产生所需要的摩擦力。（√）

Je2B3263　翻车机的重车调车机（或推车机）接整列车时，后钩必须开到位。（√）

Je2B3264　翻车机检修后应用手动控制进行空载试运，次

数不少于 3 次。（√）

Je2B3265　斗轮机走行机构中设置有制动器，能防止大车在暴风中滑移。（×）

Je2B3266　翻车机的压车装置有机械压车装置和液压压车装置两种类型。（√）

Je2B3267　迁车台空车线光电开关不通，迁车台将不能返回。（√）

Je2B3268　堆取料机液压系统产生泡沫是因为油路内有空气，应打开空气门及时排出。（√）

Je2B3269　堆取料机取料时的启动顺序是：① 斗轮装置；② 悬臂皮带机；③ 进料胶带机。（×）

Je2B3270　翻车机光电管不通，拨车机于原位可以降大臂。（×）

Je2B3271　在油泵启动和停止时，应使用溢流阀进行卸荷。（√）

Je2B4272　装卸桥抓斗起升后，无论抓斗张开或闭合，斗口与抓斗垂直中心线都应在同一垂直面内，其偏差不得超过 20mm。（√）

Je2B4273　正常情况下的磨损过程一般分为三个阶段，依次为剧烈磨损阶段、稳定磨损阶段和饱和磨损阶段。（×）

Je2B4274　电液换向阀是利用电气信号的变化，使液动滑阀改变位置，实现油路换向。（√）

Je2B4275　推车机制动器打开但未发出信号，推车机可以行走。（×）

Je2B4276　在低压系统中，螺纹连接常用 55°圆锥管螺纹。（√）

Je2B4277　重车摘钩后，若摘钩光电开关不通，拨车机不能继续自动运行。（√）

Je2B4278　翻车机转子回到零位的准确程度是由平台辊

子、平台挡铁和平台侧面弹簧保证的。（√）

Je2B4279 空车调车机（或推车机）推空车时，迁车台必须对准空车线，且涨轮器必须涨紧。（×）

Jf5B1280 翻车机作业时，作业区内不准无关人员靠近。（√）

Jf5B1281 润滑油的黏度可定性地定义为它的流动阻力，黏度低的流动性好，黏度高的流动性差。（√）

Jf5B1282 若工作负责人长时间离开工作的现场时，应由工作票许可人变更工作负责人。（×）

Jf5B1283 登梯施工，梯子与地面的夹角应在 60°和 70°之间，且应有防滑设施。（√）

Jf5B1284 推煤机在 25°以上坡度上进行推煤时，应先进行填挖，待推煤机能保持本身平衡后，方可开始工作。（√）

Jf5B2285 在给滚动轴承座中的轴承注入润滑脂时，通常加脂量为容量的100%。（×）

Jf5B2286 用三角皮带作传动连接件时，如果传动带较多，更换时，可以只更换其中损坏的一条或两条，减少检修费用。（×）

Jf5B2287 推煤机在有负载情况下，仍可以作急转弯。（×）

Jf5B2288 室内高压电气设备的隔离应设有遮栏，其高度应为 1.7m 以上。（×）

Jf5B3289 隔离开关是用来断开或切换电路的，由于断开电路时不产生电弧，故没有专门的灭弧装置。（×）

Jf5B4290 翻车机重车铁牛的牛脖体的抬起与落下是由电动起重器完成的。（×）

Jf4B1291 起重机正在吊物时，任何人员不准在吊杆和吊物下停留或行走。（√）

Jf4B1292 保护接地适用于电压小于1000V而电源中性线不接地的电气设备。（√）

Jf4B2293 发电厂标准煤耗是指发电 1kWh 消耗的燃煤量。(×)

Jf4B2294 一段导体,其阻值为 R,若将其从中对折合并成一段新导线,其阻值为 $R/2$。(×)

Jf4B2295 煤中的灰分越高,煤的发热量就越高,输煤量就越低。(×)

Jf4B2296 三角带传动可以采用交叉传动的布置形式。(×)

Jf4B2297 液力制动器实质上是输出转速为零的液力耦合器。(√)

Jf4B3298 测试电压时,一定要把电压表串联在电路中。(×)

Jf4B3299 由电阻欧姆定律 $R=\rho L/S$ 可知,导体的电阻率可表示为 $\rho=RS/L$。因此,导体电阻率的大小和导体的长度及横截面积有关。(×)

Jf3B2300 油、水、汽的小口径管道的连接也经常采用三角螺纹。(×)

Jf3B2301 压力可调节的泵是变量泵。(×)

Jf3B3302 当导体沿磁力线运动时,导体中产生的感应电动势为零。(√)

Jf3B4303 滑动轴承属于有害摩擦。(√)

Jf3B4304 摩擦在机械设备运行中的不良作用有消耗大量的功、造成磨损和产生热量。(√)

Jf3B5305 触电人呼吸停止时,应该用口对口,摇臂压胸的方法进行人工呼吸抢救。(√)

Jf2B2306 无载时皮带不跑偏,有载时皮带跑偏,说明落煤点不正。(√)

Jf2B2307 弹性联轴器具有较好的缓冲和减震能力,主要是弹性零件起作用。(√)

Jf2B3308　电压互感器的二次绕组运行中不得开路。（×）

Jf2B3309　在 48V 以下工作时，不需要考虑防止电击的安全措施。（×）

Jf2B4310　能量不能产生也不能消灭，它不能从一种形式转化为另一种形式。（×）

Jf2B5311　接地线应使用专用的线夹固定在导体上，严禁用缠绕的方法进行接地或短路。（√）

4.1.3 简答题

La5C1001 什么叫跨步电压？

答：如果地面上水平距离为 0.8m 的两点之间有电位差，当人体两脚接触该两点，则在人体上将承受电压，此电压称为跨步电压。

La5C1002 防火的基本方法有哪些？

答：防火的基本方法有控制可燃物、隔绝空气、消除着火源及阻止火势和爆炸波的蔓延。

La5C2003 什么叫两票三制？

答：两票指工作票、操作票；三制指交接班制度、巡回检查制度、设备定期试验轮换制度。

La5C2004 什么叫标准煤？

答：标准煤就是用煤的应用基分析的低位发热量为29307.6kJ/kg 的煤。

La5C2005 煤的发热量或热值是什么？

答：煤的发热量或热值就是单位数量的煤完全燃烧后所放出的热量，其单位是 MJ/kg。

La5C3006 测量电流时，电流表为什么要与负荷串联，如果接错了有什么后果？

答：测电流时，必须将电流表与负荷串联，因串联电路中电流处处相等，因此通过电流表的电流就是待测的负荷电流。如果接错，即电流表与负荷并联，因电流表内阻很小，在负荷电压作用下，将通过较大电流，使电流表损坏。

La5C4007　煤粉尘在什么条件下会引起爆炸？

答：煤粉尘在空气中达到一定浓度时，在外界的高温、明火、摩擦、振动、碰撞以及放电火花等情况下，使煤尘温度达到着火点时会引起爆炸。

La4C1008　煤中水分变化对输煤系统有什么影响？

答：煤中的水分过小，在卸煤和上煤时，煤尘很大，造成环境污染，影响环境卫生，影响员工的身体健康。煤中水分过大，将使落煤管黏煤现象加剧，严重时会使落煤管堵塞，造成系统运行设备停运。

La4C2009　为什么在一般情况下，不允许带式输送机负载启动？

答：因为在空载启动时，尤其是倾斜输送机，其瞬间启动电流是电动机额定电流的3～5倍。如果是重载启动，瞬间启动电流大大超过电动机的启动电流，使电动机有过电流烧毁的危险。因此在一般情况下，不允许输送机负载启动。

La4C3010　什么叫开式液压系统？

答：油泵从油箱吸油，供执行机构做功后，再排回油箱，这样的液压系统称开式系统。

Lb5C1011　一般电动机的铭牌有哪几项？

答：电动机的铭牌一般有额定功率、额定电压、额定电流、额定转速、防护等级和接线方式等几项。

Lb5C1012　简述自动调心托辊的工作原理。

答：当输送带跑偏时，输送带的边缘与立辊接触，当立辊受到皮带边缘的作用力后，回转架便受到一力矩的作用，使回转架绕回转中心转过一定角度，从而达到自动调心的目的。

Lb5C1013 输煤设备故障停运后,程控值班员应做哪些工作?

答:设备故障停运后,首先要根据程控报警进行故障设备的定位并及时迅速了解异常情况,尽快控制事态的发展,解除对人身、设备的威胁,及时向有关人员汇报,查明故障原因,待排除后,方可启动运行。

Lb5C1014 有一台交流电动机,其铭牌上型号为 Y335M2—4,其含义是什么?

答:Y335M2—4 型电动机的含义是:

4 表示 4 极,即同步转速为 1500r/min;

2 表示 2 号铁芯长;

M 表示中机座(S 是短机座,L 是长机座);

335 表示中心高是 335mm;

Y 表示 Y 系列异步电动机。

Lb5C1015 一般电路共有几种状态?

答:一般电路有 3 种状态:

(1)正常工作状态。

(2)开路状态。

(3)短路状态。

Lb5C1016 说出"M24×2—3"的意义。

答:表示细牙普通螺纹,公称直径为 24mm,螺距为 2mm,精度为 3 级。

Lb5C1017 螺纹连接时垫圈的用途是什么?

答:(1)保护被连接件的表面不被擦伤和应有的粗糙度。

(2)增大螺母与连接件间的接触面积,减少其表面的挤压应力。

（3）遮盖被连接件的不平表面。

Lb5C1018　简述带式除铁器的特点。

答：（1）磁路结构合理，吸铁距离大，吸铁效率高。

（2）可连续性吸铁，生产效率高，现场一般在强烈状态下运行。

（3）结构简单，铁皮带采用外传动方式，从动滚筒具有张紧装置，不仅可以调节皮带的松紧程度，而且拆装也很方便，易于维修。

（4）设有两个支撑滚筒，当皮带跑偏时，可以方便地进行调节。

（5）机器安装方便，不占用输煤系统的有限空间。

Lb5C1019　简要说出熔断器的作用。

答：熔断器是一种最简单的保护电器，在配电回路中起到短路、连续过负荷保护作用。

Lb5C1020　斗轮堆取料机行走机构由哪几部分构成？

答：行走机构主要由主动台车组、单轮从动台车组、平衡梁、夹轨器、锚定装置、钢轨清扫器、缓冲器、销轴、卡板、铰座等组成。

Lb5C1021　遇有电气设备着火时，应采取哪些措施？

答：遇有电气设备着火时，应立即将有关设备的电源切断，然后进行救火。对可能带电的电气设备以及发电机、电动机等，应使用干粉灭火器、二氧化碳灭火器或1211灭火器灭火；对油断路器、变压器（已隔离电源）可使用干粉灭火器、1211灭火器灭火，不能扑灭时再用泡沫灭火器灭火，不得已时用干砂灭火；地面上的绝缘油着火，应用干砂灭火。扑救可能产生有毒气体的火灾（如电缆着火等）时，扑救人员应使用正压或消防空气呼吸器。

Lb5C1022　"四不放过"的内容是什么？

答：（1）事故原因不清楚不放过。

（2）事故责任者和应受教育者没有受到教育不放过。

（3）没有采取防范措施不放过。

（4）事故责任人未受到处罚不放过。

Lb5C1023　输煤系统所装的落煤管对水平面的倾角应不小于几度？

答：落煤管对水平面的倾角应不小于 55°。如果小于这个角度，物料将不能顺利的通过落煤管落入下一级皮带上，容易发生物料的堵塞情况。

Lb5C2024　交流接触器的用途有哪些？

答：交流接触器是一种适用于远距离频繁接通和切断大容量电路的自动控制电器，其主要控制电动机，也可用于控制其他电动负荷。

Lb5C2025　什么是煤场煤的自然堆积角？

答：煤以一定的方式堆积成锥体，在给定的条件下，只能增长一定程度，若继续从锥顶缓慢加入煤时，煤粒便从上面滑下来，锥体的高度基本不再增加，此时所形成的锥体表面与基础面的夹角称为自然堆积角或自然休止角或落下角。

Lb5C2026　防止煤场存煤自燃的一般措施有哪些？

答：（1）根据煤种煤质对煤定点定期分批存放。

（2）煤堆采用推煤机等设备分层压实。

（3）对长期堆存的煤要采取散热措施。

（4）烧旧存新。

Lb5C2027　转动机械找中心的目的是什么？

答：一般机械找中心是指调整主动机和从动机轴的中心线位于一条直线上，从而保证运转的平稳。实现这个目的是靠测量及调整已经正确的分别装在主、从动轴上的两个半联轴器的相对位置来达到的。

Lb5C2028　煤中水分增加，对输煤系统有何影响？

答：（1）煤中水分过大，易引起输煤设备黏煤、堵煤，严重时会中止上煤。

（2）煤中水分过大，在运煤过程中，会产生自流，给上煤造成困难，在严寒的冬季，尤其在北方，使煤冻结，影响卸煤和上煤。

Lb5C2029　带式输送机常用的制动器有哪几种？

答：带式输送机常用的制动器有止回器、电液制动器、电磁制动器等。

Lb5V2030　拨车机液压系统的作用是什么？

答：（1）完成拨车机大臂的升降和平衡；

（2）完成拨车机重车钩的提销和落销；

（3）完成拨车机空车钩的提销和落销。

Lb5C2031　翻车机液压系统的作用是什么？

答：（1）完成翻车机靠板机构的靠板前进，靠板后退；

（2）完成翻车机压车机构的压紧和松开；

（3）完成翻车过程中对车辆弹簧反力的卸荷补偿；

（4）完成压车机构运行，补偿压力开启控制。

Lb5C2032　对燃料进行化验分析的目的是什么？

答：主要有三个目的：

（1）检验燃煤质量；

（2）掌握燃煤特性；

（3）准确计算煤耗率。

Lb5C2033　工作票的执行程序是什么？

答：（1）签发工作票。

（2）接收工作票。

（3）布置和执行安全措施。

（4）工作许可。

（5）开始工作。

（6）工作监护。

（7）工作延期。

（8）检修设备试运。

（9）工作终结，工作票注销。

Lb5C3034　什么叫安全色？国家规定的安全色有哪几种？它们分别代表什么？

答：安全色是表达安全信息含义的颜色，表示禁止、警告、指令、提示等。国家规定的安全色有红、蓝、黄、绿四种颜色。红色表示禁止、停止；蓝色表示指令、必须遵守的规定；黄色表示警告、注意；绿色表示指示、安全状态、通行。

Lb5C3035　尼龙柱销联轴器的使用条件及特点是什么？

答：尼龙柱销联轴器用于正反转变化多，启动频繁的高速轴，其特点是结构简单，装拆方便，比较耐磨，有缓冲、减振作用，还可以起一定的调节作用。

Lb5C3036　煤中灰分增大对输煤系统有何影响？

答：（1）煤中灰分越高，煤的发热量就越低，而灰分的密度又是可燃物的两倍，因此输送同容量的煤，使输煤设备超载运行，将威胁输煤系统的安全运行。

（2）灰分大的煤种一般比较坚硬，使破碎困难，加剧输煤设备的磨损，增加检修工作量。

Lb5C3037　除尘器按照其工作原理可分为哪几类？

答：（1）机械力除尘器包括重力除尘器、惯性除尘器、离心除尘器等。

（2）洗涤式除尘器包括水浴式除尘器、泡沫式除尘器、文丘里管除尘器、水膜式除尘器等。

（3）过滤式除尘器包括布袋除尘器和颗粒层除尘器等。

（4）静电除尘器。

（5）磁力除尘器。

Lb5C4038　在我国火电厂输煤系统中的主要控制方式有哪几种？

答：我国火电厂输煤系统中的主要控制方式有就地手动控制、集中手动控制和程序控制三种控制方式。

Lb4C1039　推煤机液压系统的构成及作用是什么？

答：液压系统的作用是用来控制推煤机铲刀的升降高度，也即控制被推煤层的厚度。它由油箱、液压油泵、液压管路、操纵阀和液压缸等组成。液压油泵通过联轴器与减速箱的输出轴相连获得动力。高压油通过液压管路，由方向阀控制可分别进入液压油缸的上、下腔驱动油缸活塞杆的伸缩，带动与活塞杆头部相铰接的推煤铲的升降。

Lb4C1040　烟煤的特点是什么？

答：烟煤含碳量较少，挥发分较多，容易点燃，火焰长。但劣质烟煤灰分、水分较高，发热量低，不易点燃，大多数烟煤焦结性强。

Lb4C2041 滚动轴承游隙是指什么？

答：滚动轴承的游隙包括径向游隙和轴向游隙，其含义是将轴承圈之一固定，另一个轴承圈在径向和轴向的最大活动量。对一定型号的轴承，径向游隙和轴向游隙是互相影响的，并有一定换算关系。

Lb4C2042 三相异步电动机的启动电流为什么大？

答：在异步电动机启动瞬间，由于定子旋转磁场以很高的速度切割转子导体，使其感应很高的电动势和产生很大的电流，以便使转子旋转起来，这时电动机的定子电流即为启动电流。启动电流很大，一般为电动机额定电流的4～7倍。

Lb4C2043 滚轴筛的工作原理是什么？

答：滚轴筛的工作机构是电动机经减速器带动许多平行排列的筛轴，各轴用链条传动按同一方向同时旋转，使物料沿筛面向前运动，同时搅动物料，小于筛孔间隙的颗粒受自重及筛轴的旋转力的作用，透过筛轴间的缝隙落下，大于筛孔的颗粒留在筛面上继续向前运动，并落入破碎机，以达到筛分的目的。

Lb4C2044 选用齿轮润滑油的要求有哪些？

答：（1）黏度要适当。当温度超过30℃时，选用黏度指数大于60的齿轮油。当有冲击载荷而引起油温升高时，黏度指数大于90。

（2）有良好的油性。

（3）有良好的抗泡沫和抗乳化性。

（4）残碳、酸性、灰分和水分等指标，也应符合标准。

Lb4C2045 简述液力耦合器的工作原理。

答：液力耦合器由泵壳、泵轮（主功能）、涡轮（从动轮）

等组成，泵壳与泵轮连接在一体，随泵轮转动。当主动轮带动泵轮旋转时，泵轮中的液体由于离心力的作用而加速，形成液流。这股液流冲击涡轮使涡轮旋转，从而起到了传递作用。

Lb4C3046 输煤系统中带式除铁器和盘式除铁器是如何布置的？

答：通常情况下带式除铁器布置在盘式除铁器之前，这样布置是因为带式除铁器连续除铁的能力大，而入厂煤中的杂质较多。煤中的铁块先经过带式除铁器，被带式除铁器弃于弃铁箱中，如果盘式除铁器布置在带式除铁器之前，那么煤中的铁块先经过盘式除铁器。盘式除铁器的运行方式是要经过一段时间，才能移到弃铁箱卸铁，在未卸铁之前，铁块会继续被盘式除铁器吸附着，有掉落的危险，一旦发生掉落，会对皮带造成损坏。

Lb4C3047 液力传动与液压传动的主要区别是什么？

答：液力传动是利用叶轮来工作的，其输入轴与输出轴的连接是非刚性的，能量的传递主要是通过液体动能的变化，扭矩与转速的平方成正比。而液压传动是利用工作腔的容积变化来工作的，能量传递主要是通过液体压力能的变化，扭矩与转速无关。

Lb4C3048 选择使用液压油的要求是什么？

答：有合适的黏度，黏度随温度变化要小，有良好的润滑性、防腐和化学稳定性，杂质少、闪点高、凝固点低，其中以选择适当的黏度为主，当工作条件温度高、压力大时，宜选用黏度较高的油。

Lb4C4049 在现场看到胶带标牌上有"B1000×5P（4.5+1.5）×105000"的字样是什么意思？

答：B1000 表示胶带宽度是 1000mm；

5P 表示有 5 层棉线层；

（4.5+1.5）表示前者表示上覆盖胶（即工作面）厚 4.5mm，后者表示下覆盖胶厚 1.5mm；

105000 表示这一卷胶带长 105m。

Lb4C4050 滚动轴承被广泛采用，其主要优点是什么？

答：（1）摩擦阻力小，转动灵敏，效率高。

（2）润滑简单，耗油量少，维护保养方便。

（3）轴向尺寸小，使设备结构紧凑。

（4）尺寸系列已标准化，使用方便，寿命较长。

Lb3C1051 开式液压系统的主要优缺点有哪些。

答：优点：

（1）结构简单，散热良好；

（2）油液可在油箱内澄清。

缺点：

（1）油箱体积大；

（2）空气与油液接触机会多，容易渗入。

Lb3C2052 说出链传动的优缺点。

答：优点：

（1）与带传动相比平均传动比准确；

（2）传动效率高，可达 0.96～0.98；

（3）中心距可大可小。

缺点：

（1）链条磨损严重；

（2）从动轮运转不平稳，有噪声；

（3）安装和维护要求较高。

Lb3C2053 斗轮堆取料机 DQ1000/1500·40 型号的含义是什么?

答:1000 表示每小时取料出力为 1000t/h;

1500 表示每小时堆料出力为 1500t/h;

40 表示回转半径为 40m;

DQ 表示"堆取"拼音字首。

Lb3C3054 齿轮联轴器的使用条件是什么?

答:齿轮联轴器可以使用在误差较大、轴刚性较差及扭矩很大的场所,在重型机械中使用较多。

Lb2C2055 链传动的适用场合是什么?

答:适用于中心距在 8m 范围内的传动,传动速度在 15m/s内,特别适用于温度变化比较大、粉尘较多或潮湿的工作场所。

Lb2C3056 润滑对机械设备有什么作用?

答:(1) 可以减少摩擦。

(2) 降温及冷却作用。

(3) 防止摩擦面的锈蚀。

(4) 减少机械磨损。

(5) 传递动力。

(6) 减振作用。

(7) 密封作用。

Lb2C3057 液体润滑的原理是什么?

答:在摩擦副摩擦的两摩擦面之间,建立一层一定厚度的油膜,这层黏性液体的内压力平衡外载荷,使两摩擦面不直接接触。在两摩擦面作相对运动时,只在液体润滑剂分子之间产生摩擦,这就是液体润滑的原理。

Lb2C4058 斗轮机设有哪几种润滑方式？斗轮机各机构属于哪种润滑方式？

答：（1）斗轮机设有两种润滑方式：

1）集中润滑；

2）分散润滑。

（2）斗轮机构、走行机构、回转机构、俯仰机构为手动集中润滑，其余润滑点为分散润滑。

Lc5C1059 什么是电气设备的铭牌？

答：电器设备的铭牌是制造厂按照安全、经济、寿命等因素为电器设备规定的正常运行参数。

Lc5C1060 什么叫燃料的低位发热量？

答：1kg 燃料完全燃烧所发出的热量，不包括煤燃烧后所生成的水蒸气全部凝结为水时所放出的凝结热，即燃烧产物中的水保持蒸汽状态时的热量为低位发热量。

Lc5C2061 实行安全生产目标三级控制的内容是什么？

答：（1）企业控制重伤和事故，不发生人身死亡、重大设备损坏和电网事故。

（2）车间控制轻伤和障碍，不发生重伤和事故。

（3）班组控制未遂和异常，不发生轻伤和障碍。

Lc5C2062 电子皮带秤主要有哪些部分组成？

答：电子皮带秤主要由电子皮带秤本体、称重传感器、测速传感器和称重显示控制器等组成。

Lc5C2063 企业三级安全网是指哪三级？

答：指由企业安全监督人员、车间安全员和班组安全员组成的三级安全网。

Lc4C2064　为什么 36V 以下的电压为安全电压？

答：通过人体电流的大小取决于触电时的电压和人体电阻的大小。在一般情况下，人体电阻以 800Ω 计算，则通过 50mA 电流时，需加 0.05×800=40V 电压，因此规定 36V 及以下是安全电压。

Jd5C1065　一张工作票中，哪三种人不可以互相兼任？

答：工作票签发人、工作负责人和工作许可人三者不可以互相兼任。

Jd5C1066　什么是电力安全的四不伤害原则？

答：不伤害他人、不伤害自己、不被他人伤害，保护他人不被伤害。

Jd5C2067　卸船机主要由哪几部分构成？

答：卸船机主要由大车行走机构、小车牵引机构、煤斗及给料系统、俯仰机构、起升/闭合机构、电气系统、控制系统、洒水除尘系统和润滑系统组成。

Jd5C2068　在电气设备上工作，保证安全的技术措施有哪些？

答：主要技术措施有停电、验电、装设接地线、悬挂标示牌和装设遮拦。

Jd5C3069　船舶运输煤量的计量方法有哪些？

答：（1）电子皮带秤计量方法。将轮船或驳船上的煤通过机械装置转移到码头专用的皮带上，然后用电子皮带秤直接检出煤量。

（2）水尺计量法。根据船舶的吃水深度、皮重与水密度的关系计算出船舶的载煤量。

Je5C3070 简述盘式除铁器的工作原理。

答：当除铁器投入运行时，物料中的铁磁性物质在强大的磁场作用下，被迅速吸出附着在除铁器上。当皮带上无物料之后，通过悬吊装置的电动小车移出至弃铁位置，切断硅整流装置柜上的电源。由于除铁器的励磁线圈上产生的电磁吸引力也随之消失，因此除铁器所吸附的铁磁性物质即可在自身的重力作用下落到集铁箱内，从而达到消除煤流中的铁磁性物质的目的。

Je5C1071 鼠笼式电动机的启动方法有哪几种？

答：有全压启动和降压启动两种，其中降压启动又有串联电阻降压启动、自耦变压器降压启动、星形—三角形降压启动和延边三角形降压启动 4 种。

Je5C1072 输煤系统各设备间设置的连锁的基本原则是什么？

答：在故障情况下，必须自动停止故障点到煤源点所有的运行设备，非碎煤机故障时，碎煤机可以不参与故障跳闸连锁。在正常情况下，启动时按逆煤流方向启动设备，按顺煤流方向停止设备，程序控制方式下碎煤机可以最先启动，最后停止，否则不能保证输煤系统的正常运行。

Je5C1073 翻车机平台上的空车推车器启动时的工作条件是什么？

答：（1）翻车机已回零位。

（2）翻车机平台上的制动铁靴已落下。

（3）迁车台已回到重车线，其轨道已对准。

Je5C1074 迁车台上的推车器工作前的条件是什么？

答：（1）迁车台已对准空车线。

（2）单向定位器已打开。

（3）空车铁牛在牛槽中。

Je5C1075　翻车机在空车时的安全工作要点是什么？

答：（1）车辆卸煤后正确回到零位。

（2）翻车机平台轨道与基础轨道对准。

（3）液压缓冲止挡器落下到位。

（4）迁车台的重车线轨道已对准。

（5）推车器位于车辆最后一根轴之后。

（6）发出空车警铃。

Je5C1076　为什么减速器的顶盖上都有透气塞或通气帽？

答：当减速器工作时温度升高，使箱内空气膨胀，为防止从箱体的剖分面和轴的密封处漏油，必须使箱内空气从通气帽或透气塞排出箱外（相反也可使冷空气进入箱内）。

Je5C1077　如何识别润滑脂的质量好坏？

答：将润滑脂放在试管内，用汽油加以溶解，加入汽油后无分层现象，则认为质量好。也可将润滑脂均匀涂在一块玻璃上，进行观察。如发现油脂的薄层中有团块、颜色不一致或有臭味，表明已变质。钠基脂若乳化则已变质，二硫化钼润滑脂表层干涸，则已不能用。

Je5C1078　翻车机转子的作用是什么？

答：转子是翻车机的骨骼，它支撑着平台、压车机构和满载货物的车辆。而且，驱动装置是通过固定在圆盘上的齿块使转子转动，从而使车辆翻转 0°～175°，将物料卸出。

Je5C1079　绝缘工具的试验项目及标准是如何规定的？

答：验电器：一年；

短携带型短路接地线：4 年；

绝缘杆、绝缘隔板、绝缘胶垫：1 年；

绝缘靴、绝缘手套：半年。

Je5C1080　管状带式输送机有哪些特点？

答：管状带式输送机具有密封环保，输送线可沿空间曲线灵活布置，输送倾角大，复杂地形条件下单机运输距离长等特点。

Je5C1081　装卸桥由哪些主要部件组成？

答：主要由桥架、刚性支腿、柔性支腿、大车行走机构、小车行走机构、抓斗起升闭合机构、缓冲煤斗、给煤机和司机室等组成。

Je5C1082　输煤系统除铁器的作用是什么？

答：输煤系统除铁器的作用是除掉混在煤中的磁性金属铁件，保证输煤系统及制粉系统的安全。

Je5C1083　反事故措施计划应根据哪些内容编制？

答：反事故措施计划应根据上级颁发的反事故技术措施，需要消除的重大缺陷、提高设备可靠性的技术改进措施以及本企业事故防范对策进行编制。

Je5C1084　装拆设接地线应按什么顺序进行？

答：装设接地线应先接接地端，后接导体端。拆接地线的顺序与此相反。

Je5C4085　电动机运行注意事项包括哪些内容？

答：（1）检查电动机地脚螺丝是否松动，联轴器运行是否正常，电动机有无杂音，振动是否正常，轴承温度是否正常，有无冒烟、冒火花的现象，有无绝缘烧焦的气味等。如有上述情况发生，应立即停机处理，并做好记录。

（2）电动机绕组和铁芯的最高温度不得超过 105℃，温升不超过 65℃。

（3）电动机可以在额定电压–5%～+10%的范围内运行。正常运行中电动机电流不得超过额定值的+5%。

Je5C1086　电子皮带秤系统由哪些部分组成？

答：电子皮带秤由秤重传感器、测速传感器、称重框架、托辊、皮带秤显示仪表和累计器及辅助设备等组成。

Je5C1087　对电动机的轴承温度有什么规定？

答：滑动轴承不得超过 80℃（温升 40℃）；滚动轴承不得超过 100℃（温升 60℃）。

Je5C2088　使用液力耦合器的好处是什么？

答：（1）改善电动机的启动性能，使电动机无负载启动。

（2）增加载荷加速能力，可利用电动机最大扭矩启动。

（3）超载运转时，使电动机在稳定工作下运行，对电动机有保护作用。

（4）在频繁启动、正反转或超载设备上使用时，效果明显。

Je5C2089　简述三相异步电动机的工作原理。

答：当三相异步电动机通以三相电流时，在定子与转子之间的气隙中形成旋转磁场，以旋转磁场切割转子导体，将在转子绕组中产生感应电动势和感应电流。旋转磁场相互作用，根据左手定则，转子将受到电磁力矩的作用而旋转起来，旋转方向与磁场的方向相同，而旋转速度略低于旋转磁场的转速。

Je5C2090　输煤系统运行中，需要监视的内容有哪些？

答：系统在运行中，值班员要随时监视各设备的运转情况，掌握各磨煤机的开停情况及煤仓的储煤情况，监视各设备电流表的指示是否正常。掌握各设备所处的位置及运转情况，根据现场设备运行需要，及时调整皮带出力，使系统在安全经济状态下运行。发现设备异常应及时联系检修处理。

Je5C2091　电子皮带秤运行前应做哪些检查？

答：（1）检查电子皮带秤表面是否清洁。

（2）各称重托辊润滑良好。

（3）皮带张力是否在正常情况。

（4）查看秤架完好，无积煤和卡涩。

（5）各传感器外观完好。

Je5C2092　带式输送机启动前应注意什么？

答：（1）启动前要检查要投入运行的带式输送机的状况。

（2）启动前要检查连锁顺序是否与运行方式相符。

（3）启动前要向就地发出规定的声光报警信号。

Je5C2093　托辊根据所处的位置和作用可分为哪几种？

答：可分为承载胶带和物料的普通槽型托辊，承载回空段的下托辊和V形托辊，缓和冲击作用的缓冲托辊，调整跑偏用的调偏托辊，安装在除铁器下的防磁托辊，安装在回程段用于清扫的清扫托辊。

Je5C2094　带式输送机为什么沿机架要设置拉绳开关？

答：因带式输送机一般都是较长的，当值班员在巡回检查中发现设备异常或故障时，可以及时就地停机，以避免事故扩大。

Je5C2095 在哪种情况下，带式输送机应紧急停机？

答：属于下列情况之一，均应紧急停车：

（1）减速器振动剧烈。

（2）电动机已冒烟。

（3）输送带跑偏严重。

（4）输送带被杂物卡住，胶带有撕裂的可能。

（5）落煤管堵煤严重。

（6）有严重威胁人身安全的现象。

Je5C2096 带式输送机胶带运行中被拉断的主要原因是什么？

答：（1）落煤管堵塞，压死胶带。

（2）胶带接头质量差或接头已有开裂缺陷。

（3）皮带使用时间长，皮带严重老化。

Je5C2097 皮带机运行突然停机的主要原因是什么？

答：（1）电动机突然失电，连锁跳闸。

（2）皮带机电气设备故障。

（3）电气保护动作。

（4）堵煤、重跑偏、撕裂、打滑等保护装置动作。

（5）误揿急停按钮或拉绳开关。

Je5C2098 带式输送机系统为什么要设置连锁装置？

答：（1）为了减少系统中设备的启停次数。

（2）实现输送机能顺序自动启停，提高自动化程度。

（3）当系统中设备发生故障时，系统会自动停止运行。

Je5C2099 电动机启动后，发出嗡嗡响的原因是什么？

答：（1）电压低。

（2）缺相运行。

（3）轴承故障或油质老化。

（4）负荷过大或输送机有卡住现象。

Je5C20100　带式输送机拉紧装置的作用是什么？

答：（1）保证胶带具有足够的张力，使滚筒与胶带之间产生所需的摩擦力。

（2）限制胶带在各托辊间的垂度，使输送机正常运行。

Je5C20101　输送胶带的接口开裂的原因是什么？

答：（1）胶接质量差或黏接剂失效，应按工序要求重新胶接。

（2）胶带运行时张力过大，应调整拉紧装置或重锤质量。

（3）经常在重载下启动所致，一般情况下应该空载启动。

（4）接头不正，必要时重新胶接。

Je5C20102　滚筒共分哪几类？分别在什么情况下使用？

答：滚筒分为驱动滚筒、张紧滚筒、电动滚筒、改向滚筒和防磁滚筒。驱动滚筒、电动滚筒用于传递牵引力给带式输送机，张紧滚筒用于组成拉紧装置，改向滚筒用于增加包角及改变方向，防磁滚筒用于除铁器作用区。

Je5C2103　"C"型转子式翻车机系统由哪些部分组成？

答："C"型转子式翻车机系统由"C"型转子式翻车机、重车调车机（或拨车机）、迁车台、空车调车机（或推车机）及其他附属设备组成。

Je5C2104　减速机轴承烧损的原因是什么？

答：（1）轴承缺油或油质不良。

（2）轴承振动大，引起温度升高。

（3）轴承达到或超过使用年限，未及时更换。

（4）轴承内外套间隙不合标准，造成损坏。

Je5C2105　液力耦合器达不到额定转速的原因是什么？

答：（1）驱动电动机故障或连接不正确。

（2）从动机械有制动故障。

（3）传动设备过载。

（4）油量过多或过少，达不到额定转速。

（5）密封填料磨损、耦合器漏油。

Je5C2106　油泵过热的原因及处理？

答：（1）油泵磨损或损坏，更换油泵。

（2）油黏度过大，更换液压油。

（3）油泵压力过高超过额定值，调整溢流阀，降低压力。

Je5C3107　带式输送机的减速器发出异常声音的原因是什么？应如何处理？

答：（1）齿轮啮合不好或个别轮齿有损坏，应检查修理。

（2）油中有硬杂物，应清理换油。

（3）轴承有损坏的，应更换轴承。

Je5C3108　带式输送机运行中电动机运行正常而胶带减低速度，其原因是什么？

答：（1）胶带非工作面上有水或油。

（2）拉紧装置松动卡住或配重落地。

（3）胶带超出力运行。

（4）胶带过长，拉紧装置不起作用。

Je5C3109　输煤皮带机打滑拉不动的原因是什么？

答：　（1）皮带机输送量超载。

（2）拉紧装置卡死，皮带松动，初张力太小。

（3）皮带非工作面有水，皮带与滚筒的摩擦力不够。

（4）机尾滚筒轴承损坏或有杂物卡死。

Je5C3110　为什么滚筒或托辊表面黏煤后，输送带会跑偏？

答：由于滚筒或托辊外面任一端局部黏上煤后，使其两端的直径发生变化，外径大的线速度就增加了，而滚筒或托辊的转速是固定的，因此黏煤的滚筒或托辊，使其两边的胶带产生了速度差，从而使胶带由速度大的一边跑向速度小的一边。

Je5C3111　滚轴筛运行中非正常停机的原因有哪些？

答：（1）筛轴被铁块或木块等硬物卡涩。

（2）严重积煤或堵煤。

（3）热过载继电器动作，电气故障。

Je5C3112　输送带在运行中撕裂的主要原因是什么？

答：（1）煤中有大块、尖锐杂物，在头、尾部卡住。

（2）有金属异物一端被除铁器吸起而顶住划胶带。

（3）落煤管的衬板掉下而卡在导煤槽上，划透胶带。

Je5C3113　电气预防性试验的意义是什么？

答：为了发现运行中设备的隐患，预防发生事故或设备损坏，对设备进行的检查、试验或监测，也包括取油样或气样进行的试验。

Je5C4114　皮带中部采样装置主要由哪些部分组成？

答：皮带中部采样装置主要由采样头、胶带给料机、破碎机、缩分器、集样器、余煤返排系统等六大部分组成。

Je5C4115　对鼠笼电动机的启动有何规定？

答：在正常情况下，鼠笼式电动机一般允许在冷态下连续启动 2 次，每次间隔时间不得少于 5min；在热态下，允许启动 1 次，只有在事故处理时，可以多启动 1 次。

Je3C1116 液压系统使用、维护的一般注意事项是什么？
答：（1）液压油箱的油位应保持正常。
（2）液压油应保持清洁，补油时应通过滤油器。
（3）系统工作时油温不能超过 60℃。
（4）回油系统的空气必须定期排除。
（5）油泵启动和停止时，应使溢流阀卸荷（溢流阀调定压力不能超过系统最高压力）。
（6）保持电磁阀的电压稳定。

Je4C1117 带式输送机运行时，胶带跑偏的一般原因是什么？
答：（1）滚筒黏煤。
（2）胶带接口不正。
（3）落料点不正。
（4）托辊损坏太多。

Je4C1118 液压系统中油箱油温上升的原因有哪些？
答：（1）油的黏度太高。
（2）回路设计不好，效率太低。
（3）油箱容量小，散热慢。
（4）阀的性能不好。
（5）油质变坏。
（6）冷却器效率低。

Je4C1119 斗轮堆取料机回转时，轮斗油路振动的原因是什么？

答：（1）轮斗吃煤太深。

（2）辅助油泵油量不够。

（3）轮斗转速过高。

Je4C2120　电动三通挡板失灵的原因有哪些？

答：（1）挡板上结煤过厚或上面锈斑严重。

（2）推动杆故障。

（3）限位开关接触不良。

（4）大煤块卡住挡板。

Je4C2121　液压电动机转速低，扭矩小的原因是什么？

答：（1）油泵供油量不足。

（2）油泵输油液压电动机各处接合面严重泄漏。

（3）液压电动机内部零件磨损，造成内部泄漏严重。

Je4C2122　减速箱异常发热的原因是什么？

答：（1）减速箱内润滑油劣化、油量过多或过少。

（2）轴承损坏或啮合不良。

（3）超载运行。

（4）减速箱内混有杂物。

Je4C2123　液压系统中压力消失的原因有哪些？

答：（1）溢流阀溢油，泄荷阀误动，致使油液泄回油箱。

（2）油箱油位太低，达不到标尺线。

（3）油管接口处漏油。

（4）油泵故障。

（5）压力表失灵，误认为无压力。

Je4C3124　简述液压推杆制动器的工作过程。

答：当输送机电动机得电时，制动器电动机同时得电，液压缸在液压油的作用下，向上运动，推杆被带动向两边运动，制动闸瓦打开，同时储能弹簧被压缩；当输送机停机时，油泵电动机失电，推杆在储能弹簧的作用下，向下运动，制动闸瓦迅速抱紧制动盘，起到制动目的。

Je4C3125　电子皮带秤系统由哪些部分组成？

答：电子皮带秤由秤重传感器、测速传感器、称重框架、托辊、皮带秤显示仪表和累计器及辅助设备等组成。

Je4C3126　简述循环链码校验电子皮带秤的工作原理。

答：根据链码模拟实物进行皮带秤的校验，首先链码落下并转动，使得链码与皮带同步，根据 PLC 测得的皮带速度、设置的校验时间，PLC 自动计算校验时间内的流量瞬时值、累计值。用皮带秤上显示的瞬时流量和累计流量与链码仪表上显示的数值进行比较，找出误差进行皮带秤的校正。

Je4C3127　液压电动机不能启动的原因是什么？

答：（1）超载。

（2）系统中溢流阀压力没有调整正确。

（3）运动调整部件卡住。

（4）十字接头或转阀破坏。

（5）油的黏度太低。

Je4C3128　输煤系统的保护信号有哪些？

答：带式输送机设有纵向撕裂保护装置、双向拉绳开关、两级跑偏开关、速度检测仪、料流检测仪、堵煤保护装置、料位计 7 种保护信号。

Je4C3129　滚轴筛运行中非正常停机的原因是什么？

答：（1）筛轴被铁块或木块等硬物卡涩。

（2）严重积煤或堵煤。

（3）热过负荷继电器动作。

Je4C3130　简述碎煤机筛板的组成及其作用。

答：筛板由碎煤板、大小筛板、筛板架及连接件组成。筛板调节器的丝杆与筛板架尾端销孔连接，固定在机体后方。碎煤板用锰钢制成，用于破碎大块煤。呈弧形的大小孔筛板用于滚压、剪切和研磨小块煤。

Je4C3131　管状皮带机与普通皮带机的区别是什么？

答：主要区别在于尾部受料段后胶带由平行向槽形、深槽形逐渐过渡，而后物料被包裹起来卷成圆管状；在成型段，胶带被呈六边形布置的辊子强行裹成圆管，输送物料被密封在圆管内随胶带稳定运行，减少输送过程的扬尘，达到环保。当到达头部时，胶带逐步过渡，由圆管形状变成深槽形、槽形到最后的头部滚筒展开卸料。胶带回程段和运行段相同。

Je4C3132　因落煤点不正造成皮带跑偏的特征有哪些？

答：（1）空载时皮带不跑偏。

（2）跑偏程度随负载而变化。

（3）皮带张紧侧跑偏，松弛侧一般不跑偏。

Je4C3133　托辊的分类及其作用？

答：托辊分为槽形托辊、平行托辊、缓冲托辊和调心托辊4类。其作用为：支承胶带、减少胶带的运行阻力，并使胶带不超过一定限度，以保证胶带平衡运行。

Je4C4134　液压拉紧装置的特点是什么？

答：（1）启动时拉紧力和正常运行时拉紧力可根据胶带输送机张力的需要任意调节。一旦调定后，按预定程序自动工作，保证胶带在理想状态下工作，从而可使胶带强度减小。

（2）响应快。胶带输送机启动时，胶带松边突然松弛伸长，该机能够立刻缩回油缸，及时补偿胶带的伸长，对紧边的冲击小，从而使启动平稳可靠，避免断带事故的发生。

（3）具有断带时自动停止输送机的保护功能。

（4）结构紧凑，安装空间小。

Je4C4135　简述落煤管堵煤原因及处理措施。

答：（1）原因。

1）煤中水分过多，煤黏结使落煤管入口处变小造成堵煤。

2）煤流量过大，或导料槽间距过狭。

3）落煤管内有大件杂物卡住。

4）后面皮带打滑速度减慢造成前面皮带落煤管堵煤。

（2）处理。

1）迅速查明原因，启动振打器，铲除落煤管内结煤，消除杂物。

2）通知煤源处，控制煤流量。

3）掺配干煤，减少水分。

Je4C4136　液压电动机在运行中转速降低的原因是什么？应如何处理？

答：（1）原因。

1）供油量不足。

2）油温太高，渗漏严重。

3）转阀、活塞及其涨圈磨损或破坏。

（2）处理。

1）检查油泵的流量和系统元件的泄漏情况。

2）降低油温。

3）更换新液压电动机。

Je3C1137 翻车机在运行中电动机停止转动，且电压、电流为零，其原因是什么？应如何处理？

答：（1）原因。

1）总电源开关可能跳闸。

2）过流保护动作。

（2）处理。

应停机检查开关有无异常，设备有无损坏，若没有损坏可合上总电源开关或恢复过流保护继电器继续卸煤。

Je3C1138 皮带有载时不跑偏、无载时跑偏的原因是什么？怎样消除？

答：（1）原因：皮带过紧。

（2）消除方法：适当减轻拉紧装置、重锤的质量或适当旋松螺旋拉紧装置的螺杆。

Je3C2139 日常运行维护中的闻、看、摸、嗅指的是什么？

答："闻"指听设备的运行部件在运转过程中有无杂音。

"看"指看设备零部件工作状态是否良好。

"摸"指用手触摸对温度有要求的零部件，判断温度、温升是否超限。

"嗅"指根据有无异常气味判断设备有无不正常摩擦或过热现象。

Je3C3140 卸船机主要由哪些部分构成？

答：卸船机由抓斗及起升、开闭机构，小车及牵引机构，绕绳系统，大车行走机构，悬臂俯仰机构，料斗及供料系统，落料回收装置，物料输送切换装置，司机室，机器室，电气室，电气控制系统，监视及报警系统，夹轮器，锚定及防倾覆装置，悬臂固定装置，供电、通信、照明、防尘装置，修理起重机，载人电梯，超载限止器，航空信号灯，风速仪，电缆卷筒，水缆卷筒及各种安全保护和指示装置等组成。

Je3C3141　简述实物校验装置的工作过程。

答：当胶带输送机上的物料经过电子皮带秤称量后进入称重料斗，支撑称重料斗的称重传感器将产生与物料质量值成正比的电信号输出，该输出信号进入以微处理器控制的称重显示仪表，称重显示仪表将信号进行放大、处理，显示出实际质量数。经过称量后，物料通过出料设备返回到输送系统中去。将实物校验的检测值与皮带秤所显示的物料质量进行比较，并加以调整，从而达到校验皮带秤的目的。

Je3C4142　怎样保管好润滑用油？

答：（1）防止存储容器的损坏，以致雨水、灰尘等污染润滑油。

（2）油脂尽可能放在室内存储，避免日晒雨淋，防止高温变质。

（3）润滑用油不宜保存过长，应经常检查，变质后不应再使用。

（4）避免使用过大容器来存储润滑脂，以防高温变质。

（5）禁止润滑油与润滑脂掺和存放或使用，因为这样会严重破坏润滑用油的性能。

Je3C4143　简述原煤采样装置运行中注意事项。

答：（1）采样头动作是否正常，无卡阻现象，特别是初级采样头的运行情况应正常。

（2）破碎机运转正常，机内无异声，轴承温度应正常，振动不超值。

（3）落料管无漏煤，无堵塞。

（4）斗式提升机应正常运转，皮带无跑偏和打滑现象，皮带张紧度适中。

（5）各电动机、减速机的振动和温度应符合要求。

Je3C4144　简述袋式除尘器的工作原理。

答：含尘气体在负压的作用下进入除尘器箱体后，粉尘被箱体内的滤袋阻流，气体则穿过滤袋，经由文氏管排出。积附在滤袋上的粉尘，一部分靠自重落入灰斗，一部分仍附在滤袋上，使设备阻力逐渐增加。为了保证设备阻力不超过一定值，每隔一定时间向滤袋内部喷吹一次压缩空气，将积附在滤袋上的粉尘吹下。

Je3C4145　简述门式斗轮机取料的工作原理。

答：通过旋转的轮斗与斗轮小车的横向移动，将物料连续的从料堆上挖取下来。通过落煤斗，转运到受料皮带机上，受料皮带机再将物料转运至与系统皮带相连的尾车皮带机，系统皮带将物料运输到指定地点。当轮斗小车完成一个作业行程后，将大车前进一定距离，然后将轮斗小车反向运行，斗轮进行切削，至终端后返回，如此直到完成一层切削后，将大车返回到初始位置，开动起升机构，活动梁下降一距离，轮斗机将开始第二层切削。

Je3C4146　装设接地线的原则及注意事项是什么？

答：（1）装设接地线工作应由两人进行。

（2）当验明设备确已无电压后，应立即将检修设备接地并三相短路。电缆及电容器接地前应逐项充分放电，星形接线电容器的中心点应接地，串联电容器及与整组电容器脱离的电容器应逐个放电，装在绝缘支架上的电容器外壳也应放电。

Je3C4147　卸船机锚定装置的作用是什么？卸船机何时需要锚定？

答：卸船机锚定装置是为了防止出现暴风而导致大车移位。当出现暴风或者有此现象发生的可能时，需要锚定大车。

Je3C4148　正确使用电工工具的原则是什么？
答：（1）电工所使用的工器具必须完好无损。
（2）电工必须学会检测各类工具。
（3）电工工具必须专项专用。
（4）对特殊带电工作或临近设备带电情况下，必须按安规进行特殊处理后方可工作。

Je2C3149　使用绝缘电阻表测量绝缘的工作有哪些要求？
答：（1）测量高压设备绝缘，应由两人进行。
（2）测量用的导线，应使用相应的绝缘导线，其端部应有绝缘套。
（3）测量绝缘时，应将被试设备从各方面断开，验明无电压，确实证明设备无人工作后，方可进行。在测量中禁止他人接近被试设备。在测量绝缘前后，应将被测设备对地放电。在测量线路绝缘时，应取得许可并通知对侧人员后，方可进行。
（4）在有感应电压的线路上测量绝缘时，应将相关线路同时停电，方可进行。雷电时，严禁测量线路绝缘。
（5）在带电设备附近测量绝缘电阻时，测量人员和绝缘电阻表安放位置，应选择适当，保持安全距离，以免绝缘电阻表引线或引线支持物触碰带电部分。移动引线时，应注意监护，防止工作人员触电。

Je2C3150　如何对输煤皮带跑偏进行调整？
答：（1）因落煤点不正跑偏，应加调节板。
（2）因滚筒不正或黏煤跑偏，应调节滚筒或清理积煤。
（3）因机架变形或托辊不正跑偏，应修理或更换。
（4）因皮带接口不正跑偏，应重新胶接。

Je2C3151　什么叫电气一次、二次回路？

答：（1）由一次设备相互连接构成发电、输电、配电或进行其他生产的电气回路，称为一次回路或一次接线。

（2）由二次设备互相连接，构成对一次设备进行监测、控制、调节和保护的电气回路称为二次回路。

Je2C3152　简述变压器的工作原理。

答：变压器是利用电磁感应原理从一个电路向另一个电路传递电能或传输信号的一种电器。这两种电路具有相同的频率但有不同的电压和电流，也可以有不同的相数。

Je2C3153　减速机轴承烧损的原因有哪些？

答：轴承缺油或油质不良；轴承振动大，引起温度升高；轴承达到或超过使用年限，未及时更换；轴承内外套间隙不合标准，造成损坏。

Je2C3154　简述工作接地和保护接地概念。

答：将电路中某一点与大地相连，以保证电气设备在正常或事故情况下可靠地工作，这种接地称为工作接地。电气设备的金属外壳或构架与大地相连，以保护人身的安全，这种接地称为保护接地。

Je2C3155　电动机着火应如何扑救？

答：电动机着火应立即断开电源，再用1211灭火器和二氧化碳等灭火器进行扑救，不能用干粉、泡沫灭火器、砂子或泥土等灭火。

Je2C1156　减速机产生振动的原因有哪些？

答：（1）地脚螺栓松动。

（2）中心不正。

（3）齿轮掉齿。

（4）齿轮严重磨损。

（5）轴承故障。

Je2C2157　液压系统压力失常或液流波动和振动的原因是什么？

答：（1）油泵吸空。

（2）油生泡沫。

（3）机械振动。

（4）溢流阀或安全阀跳动。

（5）油泵输油不均匀。

（6）零件阀黏住。

（7）系统内有空气。

Je2C2158　煤水排污泵常见故障有哪些？

答：（1）水泵转向不对。

（2）吸水管道漏气。

（3）泵内有空气。

（4）进水管堵塞。

（5）排水门未开或故障。

（6）排水管道堵死。

（7）叶轮脱落或损坏。

Je2C3159　带式除铁器安全运行的注意事项有哪些？

答：（1）带式除铁器在运行中应无异声、剧烈摇摆和振动现象。

（2）除铁器正常运行时，禁止在除铁器弃铁区周围逗留。

（3）除铁器正常运行时，经过人员应避免带尖锐的铁件及度量仪器。

（4）应定期对除铁器进行清扫检查。

（5）发现弃铁皮带跑偏，应调整弃铁皮带，使其稳定运行，不跑偏且松紧适宜。

Je2C3160　斗轮堆取料机日常运行的检查项目有哪些？

答：（1）检查各电动机是否运行正常。

（2）检查各减速机构运转是否正常，各减速器油质油位是否正常。

（3）检查各部分液压系统压力是否正常，有无漏油现象。

（4）检查电气控制回路和保护系统是否正常。

（5）检查机械传动润滑是否正常。

（6）检查胶带输送机和轮斗运行是否正常。

Je2C4161　简述清扫器的分类和作用。

答：常用的清扫器有清扫刮板和清扫刷。一般装在头部滚筒的下方，使皮带在进入回程段前，清除掉工作面黏附的积煤。常用类型有 H 型和 P 型。在输送机的非工作面上，还装设有犁式清扫器，防止改向滚筒黏煤。输煤系统在头部卸料点设置两道 H 型及 P 型橡胶合金清扫器，非工作面设置 V 型空段清扫器即犁式清扫器，为防止滚筒黏煤，还在滚筒处装设有滚筒清扫器。

Je5C2162　卸船机运行中钢丝绳的检查项目有哪些？

答：（1）检查钢丝绳有无明显磨损、弯曲、断股，不得严重松散、锈蚀、扭曲。

（2）检查钢丝绳磨损情况，直径磨损应不大于 7%。

（3）检查钢丝绳在一个节距（每股钢丝绳绕绳一周的轴向长度）内断丝数不超过 10%。

（4）检查钢丝绳不跳出导轮槽，卷筒上钢丝绳排列整齐。

（5）检查提升、开闭钢丝绳长短一致。

（6）检查钢丝绳润滑良好。

Je5C3163　简述皮带跑偏保护和撕裂保护的工作原理。

答：（1）皮带跑偏保护的工作原理：带式输送机正常运行时，跑偏开关不动作。在皮带跑偏时，当为轻度跑偏，使跑偏开关的一级动作时，一级接点改变状态，向程控控制系统发出报警信号；当继续跑偏时，二级接点改变状态，向程控系统反馈信号，程控系统将皮带停下。

（2）皮带防撕裂保护的工作原理：在杂物由落煤管落下扎入皮带时，杂物触动防撕裂传感器，发出信号停机，以保护皮带。

Jf5C1164　简述输煤工业电视监控系统的作用及主要构成。

答：（1）工业电视监控系统在输煤系统的作用主要是可以集中监视输煤系统各个设备的运行状况，可以减少现场人员的人数。同时使集控人员可以直观的了解现在设备的运行状况，保证设备安全可靠的运行。

（2）工业电视监控系统主要由摄像机、防雨罩、电动云台、解码器、矩阵切换器、微机主控机和微机分控机组成。

Jf5C1165　带式输送机在运行中巡回检查的内容是什么？

答：（1）输送胶带有无跑偏、减速或打滑现象，如发现及时调整。

（2）发现煤流异常，应检查输煤筒是否堵塞，煤流过大应调整挡板。

（3）检查托辊、滚筒转动和轴承温度是否正常。

（4）监听电动机、减速机的运转声是否正常，发现异常应及时联系检修人员检查处理。

（5）输送机的速度、断煤、跑偏等信号装置是否正常。

（6）发现重大不安全现象，应立即就地停机。

4.1.4　计算题

La5D1001　有一圆柱形的油桶内径 d=500mm，高 H=1000mm，问这个油桶能装多少千克柴油（柴油的密度 ρ=850kg/m³）？

解：$G=\pi\left(\dfrac{d}{2}\right)^2 H\,\rho$=3.14×$\left(\dfrac{0.5}{2}\right)^2$×1×850=166.8（kg）

答：这个油桶可以装 166.8kg 柴油。

La5D1002　如图 D-1 所示，有一个皮带传动装置，小皮带轮为主动轮，直径 d_1=80mm，大皮带轮直径为 d_2=800mm，求这个传动装置的速比 i。

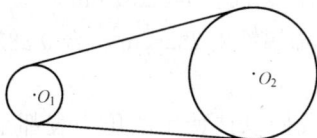

图 D-1

解：$i=\dfrac{d_2}{d_1}=\dfrac{800}{80}=10$

答：这个传动装置的速比为 10。

La5D1003　仓库有一卷胶带，已知胶带的外径是1200mm；内径是500mm；总圈数是30。问这一卷胶带的长度是多少？

解：已知 n=30　　D=1200mm　　d=500mm　　代入公式得

$$L=\pi n(D+d)/2$$
$$=3.14×30×1700÷2$$
$$=80\,070$$
$$≈80（m）$$

117

答：这一卷胶带的长度约等于80m。

La5D1004　某设备的电动机功率 P=100kW，问满负荷一昼夜用多少电？

解：$W=Pt$=100×24=2400（kWh）

答：此电动机一昼夜用电 2400kWh。

La5D2005　制造一个没盖的圆柱形铁皮水箱，高40cm，底面直径是20cm，做这个桶需用铁皮多少平方厘米？合多少平方米？

解：水桶底面积 $S_{底} = \pi r^2$ = 3.14×(20÷2)²=314（cm²）

侧面积 $S_{侧} = \pi dh$ = 3.14×20×40=2512（cm²）

总面积=$S_{底} + S_{侧}$=314＋2512=2826（cm²）

折算成平方米，总面积为0.282 6m²

答：做这个桶需用铁皮 2826cm²；合 0.282 6m²。

La4D2006　我们以往使用的压力表都是以工程大气压为单位（kgf/cm²）。而现在的压力表都统一成国际单位（kPa、MPa），已知 1kgf/cm²=10⁵Pa，问表压 1kgf/cm² 表示多少 kPa 和 MPa？

解：因为 1kgf/cm²=10⁵Pa，1kPa=1000Pa

故 1kgf/cm²=10⁵/10³=100kPa

又因为 1MPa=10⁶Pa

故 1kgf/cm²=10⁵/10⁶=0.1MPa

答：1kgf/cm² 表示 100kPa、0.1MPa。

La4D3007　某带式输送机，已知机长 L 为300m，带速 v 为2.5m/s，试问煤从尾部运行至头部所需时间是多少？

解：$t=L/v$=300/2.5=120（s）

答：煤从尾部运行至头部所需时间是120s。

La3D3008 将下列压力单位换算成帕斯卡：① $10kg/cm^2$；② $600mmH_2O$。

    解：（1）因为 $1kg/cm^2=9.806\ 65\times10^4Pa$

           所以 $10kg/cm^2=10\times9.806\ 65\times10^4Pa=980\ 665Pa$

    （2）因为 $1kg/cm^2=10mH_2O=10\ 000mmH_2O$

           $1kg/cm^2=9.806\ 65\times10^4Pa$

           所以 $600mmH_2O=600/10\ 000\times9.806\ 65\times10^4\approx5884Pa$

    答：换算为帕斯卡分别为 980 665Pa 和 5884Pa。

La3D3009 如图D-2所示电路，已知$I=3.5A$，$I_1=1A$，$R_1=4\Omega$，$R_2=8\Omega$，求这电路的总电阻R及支路的电阻R_3。

    解： $U_1=I_1\times R_1=1\times4=4$（V）

    $\because$ 并联电路中电压相等

    $\therefore U_1=U_2=U_3$

    得 $I_2=U_1/R_2=4\div8=0.5$（A）

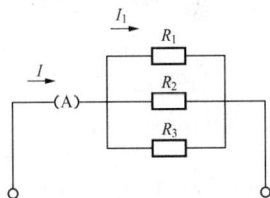

图 D-2

    又$\because$ 并联电路中 $I=I_1+I_2+I_3$

    则 $I_3=I-(I_1+I_2)=3.5-(1+0.5)=2$（A）

    $R_3=U_3/I_3=4\div2=2$（Ω）

    总电路中$R=1/R_1+1/R_2+1/R_3=1/4+1/8+1/2=0.875$（$\Omega$）

    答：该电路中的总电阻是0.875Ω，支路电阻R_3是2Ω。

La3D4010 如图 D-3 所示，斜面是高为 1.5m 的等腰梯形，求该棱台的表面积。

    解：上底面积为：

        $1\times1=1$（m^2）

    下底面积为：

        $2\times2=4$（m^2）

    侧面面积为：

        $(1+2)/2\times1.5\times4=9$（$m^2$）

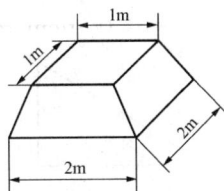

图 D-3

表面积为：　　　　　　　1+4+9=14（m^2）

答：这个棱台的表面积为 14m^2。

La3D4011　已知一个电阻 R=100Ω，使用时通过的电流 I 是 3.8A，求电阻两端的电压 U。

解：U=IR=100×3.8=380（V）

答：电阻两端的电压是 380V。

La3D5012　交流电的周期 t 是 0.02s，求频率 f。

解：f=1/t=1/0.02=50（Hz）

答：频率为 50Hz。

La5D1013　圆锥体的体积 V=1.674 7×10^{7}mm^3，高 H=400mm，求底面的直径 d。

解：根据公式 $V=\dfrac{1}{3}AH=\dfrac{1}{3}R^2H$ 得

$$R=\sqrt{\frac{3V}{\pi H}}=\sqrt{\frac{3\times1.6747\times10^7}{3.14\times400}}\approx200 （mm）$$

$$d=2R=2\times200=400 （mm）$$

答：底面直径 d 为 400mm。

La5D2014　一蜗杆传动的减速机，其蜗杆的头数为 Z_1=2，涡轮的齿数 Z_2=30，求此减速机的速比 i。

解：$i=\dfrac{Z_2}{Z_1}=\dfrac{30}{2}=15$

答：这个减速机的速比为 15。

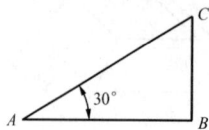

图 D-4

Lb5D2015　有一个直角三角形的铁板，如图 D-4 所示，已知∠A=30°，AB 为 200mm，求 AC 的长度。

解：$AC=AB/\cos 30°=200/\dfrac{\sqrt{3}}{2}=231$（mm）

答：这块铁板的 AC 边长 231mm。

Lb5D3016　一台输送机电动机转速 n 为 980r/min，减速机的速比 i 为 25，传动滚筒直径 $D=1250$mm，求该输送机的带速 v。

解：$v=Dn/(60i)=(3.14×1.25×980)/(60×25)=2.56$ m/s

答：该输送带的速度为 2.56m/s。

Lb4D1017　已知电动机的输入轴转速 $n_1=1470$r/min，减速机的速比 i 为 30，求减速机输出轴的转速 n_2。

解：$n_2=\dfrac{n_1}{i}=\dfrac{1470}{30}=49$（r/min）

答：减速机输出轴的转速 n_2 为 49r/min。

Lb4D1018　某电厂储煤场的形状为正四棱台，煤堆的高 $H=12$m，上面边长 $L_1=40$m，下面边长 $L_2=60$m，煤的密度 $\rho=1$t/m³。问这个储煤场储了多少吨煤？

解：$m=(L_1^2+L_2^2+L_1L_2)/3H\rho=(40^2+60^2+40×60)/3×12×1$
　　　$=30\,400$（t）

答：此煤场的储煤量为 30 400t。

Lb4D2019　推煤机的额定功率 P 为 88kW，连续工作 10h，问需要多少克燃油〔燃油消耗率为 238g/（kWh）〕？

解：耗油量 $G=88×238×10=209\,440$（g）=209.44kg

答：需要 209.44kg 燃油。

Lb4D2020　有一功率为 2.4kW、功率因数为 0.6 的对称三相感性负载与线电压为 380V 的供电系统相连，试问：

（1）线电流是多少？

（2）负载接成星形时，阻抗 Z 是多少？

解：（1）$P = \sqrt{3}U_{线}I_{线}\cos\phi$

$$I_{线} = P/\sqrt{3}U_{线}\cos\phi = 6.077 \text{（A）}$$

（2）$I_{线} = I_{相}$　　$U_{相} = U_{线}/\sqrt{3}$

$$Z = U_{相}/I_{相} = 36 \text{（Ω）}$$

答：线电流为 6.077A，负载接成星形时，阻抗 Z 是 36Ω。

Lb4D2021　某电厂有一输煤皮带机，传动滚筒圆周力为 F=10 314N，滚筒直径 d=1250mm，滚筒的转速 n=40r/min，总机械效率 η=0.9，求此电动机的功率 P。

解：$\because T=Fd/2=10\ 314\times1.25/2=6446.25$（N·m）

又　$\because T=9550P_0/n$，$P_0=nT/9550$

$\therefore P_0=40\times6446.25/9550=27$（kW）

$P=P_0/\eta=27/0.9=30$（kW）

答：这个电动机的功率 P 为 30kW。

Lb4D2022　某厂总装机容量为 1000MW，年发电量为 60 亿 kWh，厂用电率为 5.6%，年耗煤量为 300 万 t，燃煤年平均低位发热量为 19MJ/kg，试求年平均供电煤耗（标准煤耗）？

解：年耗标准煤量=300×19×1000÷7000÷4.181 6=194.7（万 t）

年平均发电煤耗=194.7×10⁴×1000×10³÷60÷10⁸

$$=324.5 \text{（g/kWh）}$$

年平均供电煤耗=324.5÷(1−0.056)=344（g/kWh）

答：年平均供电煤耗为 344g/kWh。

Lb4D2023 已知 m=2100kg，g=10m/s^2，试计算图 D-5 中滑轮组所用的牵引力 F 为多少牛顿？

解： $F=mg/3=\dfrac{2100\times10}{3}=7000$（N）

答： 牵引 F 为 7000N。

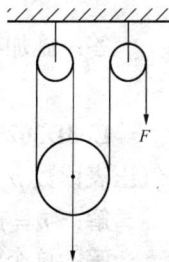

图 D-5

Lb4D3024 有一金属块，长 a=5cm，宽 b=4cm，高 h=3cm，称得质量 m=468g，则这一金属块的密度为多少？

解： $V=abh=5\times4\times3=60$（cm^3）

$\rho=\dfrac{m}{v}=\dfrac{468}{60}=7.8$（g/cm^3）

答： 这金属块密度为 7.8g/cm^3。

Lb4D3025 有一块斜铁如图 D-6 所示，求小面 L 的长度。

解： 由比例关系可知

$$\frac{1}{50}=\frac{20-L}{50}$$

则

$$L=19（\text{mm}）$$

答： 这个斜铁小面的长度 L 为 19mm。

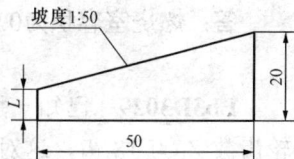

图 D-6

Lb3D2026 有大小油缸各一个（如图 D-7 所示），大油缸活塞面积 A_2=30cm^2，小油缸活塞面积 A_1 为 8cm^2，向小油缸施加负载 F_1 为 500N 时，大活塞能产生多大的力？

解： 液压油获得的压力为

$P_1=F_1/A_1=500/8=62.5$（N/cm^2）

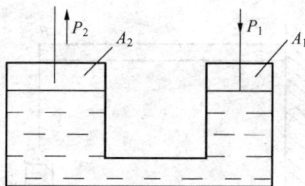

图 D-7

所以

$$F_2 = P_1 A_2 = 62.5 \times 30 = 1875 \text{（N）}$$

答：施加在大活塞的推力为 1875N。

Lb3D3027 某液压系统压力表的读数 p_e 为 9.604MPa，大气压表读数 p_{amb} 为 101.7kPa，求液压系统内液体的绝对压力 p。

解： $p = p_e + p_{amb}$ =9.604+0.101 7≈9.706（MPa）

答：这个液压系统的绝对压力 p 为 9.706MPa。

Lb3D3028 已知某发动机排量为5.42L，压缩比为7，求燃烧室容积。

解： 已知 V_n=5.42L 　　ε=7

∵ $\varepsilon = V_a/V_c = V_n/V_c + 1$

∴ $V_c = V_n/(\varepsilon - 1) = 5.42/(7-1) = 0.903\ 3$(L)

答：燃烧室容积为0.903 3L。

Lb3D3029 已知一翻车机大齿圈齿数 Z_2 为 225 齿，小齿轮齿数 Z_1 为 18 齿，这对齿轮传动比 i_1 是多少？若翻车机减速机的速比 i_2 为 42.75，问翻车机的总速比 i_t 是多少？

解： $i_1 = \dfrac{Z_2}{Z_1} = \dfrac{225}{18} = 12.5$

$i_t = i_1 i_2 = 12.5 \times 42.75 = 534$

答：齿轮的传动比 i_1 是 12.5，翻车机工作时的速比 i_t 是 534。

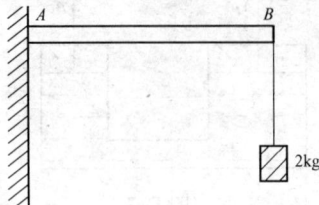

图 D-8

Lb3D3030 如图 D-8 所示，从墙壁上 A 点水平安装一匀质横杆，B 点挂 m=2kg 重物，已知杆 L=1m，杆的质量 $m_{杆}$ 为 4kg，求 A 点所受力矩 M_A。

解： A 点力矩

$$M_A = m_{杆}g \times \frac{1}{2}L + mgL$$

=4×9.8×0.5+2×9.8×1

=39.2（N·m）

答：A 点所受力矩 M_A 为 39.2N·m。

Lb3D4031 有一电阻为 20Ω 的电炉，接在 220V 电源上，连续使用 4h 后，求它消耗了多少电量？

解：根据公式 $P=UI=U^2/R$

电炉所消耗的电量为

$W=Pt=U^2t/R=220^2 \times 4 \div 20=9.068(kWh)$

答：它消耗了 9.068kWh 电量。

Lb3D4032 一蜗杆节径 d=14mm，轴向模数 m=1，求该蜗杆的特性系数 q 是多少？

解：$q=d/m=14/1=14$

答：这个蜗杆的特性系数 q 是 14。

Lb3D4033 一管道直径 d 为 20mm，油流速 v 为 25m/min，求油管内的流量 Q 是多大？

解：$Q=Av=\pi(d/2)^2 v=3.14\times(20 \div 2\times10^{-3})^2\times(25 \div 60)=0.013$（m³/h）

答：油管内流量是 0.013m³/h。

Lb2D2034 已知一螺栓头数 n 为 1，螺距 t 为 1.5mm，试求导程 S。

解：$\because S=nt$

$\therefore S=1\times1.5=1.5$（mm）

答：导程 S 为 1.5mm。

Lb2D3035　已知流量 Q=0.025m^3/s，流速 v=5m/s，求所需管子的半径 r。

解：A=Q/v=0.025/5=0.005（m^2）

∵A= πr^2

∴r=$\sqrt{(A/\pi)}$ = $\sqrt{0.005/3.14}$ =0.04（m）

答：所需管子半径 r 为 0.04m。

Lb2D3036　三组电灯负载以星形连接，由线电压 380V 电源供电，每相电灯负载电阻为 500Ω，当 A 相负载被短路时，求其他两相的电压和电流各为多少？

解：根据 A 相负载被短路后，线电压将直接加在 B、C 两相负载上，B、C 两相负载的电压、电流相等，则

B、C 两相负载的相电压为

$U_{b相}$ = $U_{c相}$ = $U_{线}$ = 380（V）

B、C 两相电流为

$I_{b相}$ = $I_{c相}$ = $U_{相}$ / $R_{相}$ =380/500=0.76（A）

答：其他两相的电压为 380V，电流为 0.76A。

Lb2D4037　有一台直流电动机其输入功率 P_1=8kW，输出功率为 P=6kW，求该电动机的效率。

解：η=$\dfrac{P_2}{P_1}$×100%=$\dfrac{6}{8}$×100%=75（%）

答：该电动机的效率为 75%。

Lb2D4038　如图 D-9 所示，试计算钢丝绳的拉力。

解：∵G=mg=1.18×10^4（N），每根钢丝绳可根据三角形余弦关系得

F=1.18×10^4/(2cos30°)=6813（N）

答：每根钢丝绳的拉力 F 为 6813N。

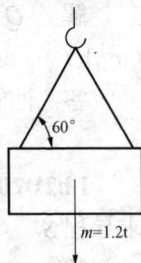

图 D-9

Lb2D4039 有一根 L 为 200m 的铜导线，若电阻 R 为 5Ω，已知铜电阻系数 ρ =0.017Ω·mm²/m，求它的横断面积 S。

解：$S=\rho L/R=0.017×200/5=0.68$（mm²）

答：铜导线横断面积 A 为 0.68mm²。

Lc3D3040 有一个正方体的物体，已知体积 V=125m³，求这个正方体的各边长 a、b、c。

解：$a=b=c=V^{\frac{1}{3}}=125^{\frac{1}{3}}=5$（m）

答：这个正方体的边长是 5m。

Lc4D2041 如图 D-10 所示，已知 C_1=10μF，C_2=20μF，求这个电路中总电容 C。

解：根据公式 $C=C_1+C_2$ 得

$C=10+20=30$（μF）

答：这个电路中的总电容 C 是 30μF。

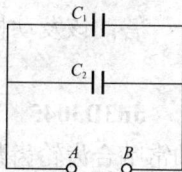

图 D-10

Jd4D2042 一自重 15t，功率 P 为 88kW 的推煤机在平路上匀速行驶，速度 v 为 10.1km/h，问此时推煤机的牵引力 F 为多少？

解：v=10.1×1000/3600=2.8（m/s）

由 $P=Fv$ 得

$F=(88×1000)/2.8=31\ 428$（N）

答：此时推煤机牵引力 F 为 31 428N。

Jd3D3043 某班组要做一只底面为圆形的水桶，已知桶的底面直径 d 为 300mm，桶高 h 为 500mm，问需用多少铁皮？

解：需铁皮的面积为侧面积 S_c 与底面积 S_b 之和，故

$S_b=\pi R^2=3.14×0.15^2=0.070\ 65$（m²）

$S_c=\pi dh=3.14×0.3×0.5=0.471$（m²）

$S_t=S_c+S_b=0.471+0.070\ 65=0.54$（m²）

答：这个桶需用铁皮 0.54m^2

Jd3D3044 Q6100 发动机的活塞行程为 115mm，试计算该发动机的排量(提示：1mL=1000mm^3)。

解：已知 L=115mm, r=50mm, i=6

发动机排量的计算公式为 $V_L = \pi r^2 L i$

根据上式可知：

V_L=3.14×50^2×115×6×(1/1000)

=5416.5（mL）

=5.4（L）

答：该发动机总排量为 5.4L。

Jd3D3045 某车变速器第一轴常啮合齿轮齿数为23, 中间轴常啮合齿轮齿数为41, 中间轴一档齿轮齿数为14, 第二轴一档齿数为49, 试求其一档时的传动比。

解：已知Z_1=23, Z_2=41, Z_3=14, Z_4=49

根据公式$i=(Z_2 Z_4)/(Z_1 Z_3)$=(41×49)÷(23×14)=6.24

答：该车变速器一档时的传动比为6.24。

Jd3D3046 基本尺寸为ϕ50的轴, 最大极限尺寸为ϕ50.08, 最小尺寸为ϕ49.92。试计算轴的上下偏差和公差。

解：上偏差=最大极限尺寸−基本尺寸

=50.08−50=0.08(mm)

下偏差=最小极限尺寸−基本尺寸

=49.92−50=−0.08(mm)

公差=最大极限尺寸−最小极限尺寸

=50.08−49.92=0.16(mm)

答：轴的上偏差为0.08mm, 下偏差为0.08mm, 公差为0.16mm。

Jd3D3047 某电厂有 3 个筒仓,存放的煤质指标见表 D-1,

请问 1、2、3 号筒仓分别按照 3:2:1 的比例进行混配，混配后的煤质指标分别是多少？

表 D-1

筒仓编号	发热量 $Q_{net,ar}$(MJ/kg)	挥发分 V_{daf}(%)	硫分 $S_{t,ar}$(%)	水分 M_{ar}(%)
1 号	18.37	14.38	0.32	7.6
2 号	16.15	21.32	0.38	9.2
3 号	23.12	16.43	2.51	8.4

解：混配的煤质指标如下

$Q_{net,ar}=(Q_{net,ar_1}\times3+Q_{net,ar_2}\times2+Q_{net,ar_3}\times1)\div(3+2+1)$

$\quad\quad\quad=(18.37\times3+16.15\times2+23.12\times1)\div(3+2+1)$

$\quad\quad\quad=18.42（MJ/kg）$

$V_{daf}=(V_{daf_1}\times3+V_{daf_2}\times2+V_{daf_3}\times1)\div(3+2+1)$

$\quad\quad=(14.38\times3+21.32\times2+16.43\times1)\div(3+2+1)$

$\quad\quad=17.04（\%）$

$S_{t,ar}=(S_{t,ar_1}\times3+S_{t,ar_2}\times2+S_{t,ar_3}\times1)\div(3+2+1)$

$\quad\quad=(0.32\times3+0.38\times2+2.51\times1)\div(3+2+1)$

$\quad\quad=0.71（\%）$

$M_{ar}=(M_{ar_1}\times3+M_{ar_2}\times2+M_{ar_3}\times1)\div(3+2+1)$

$\quad\quad=(7.6\times3+9.2\times2+8.4\times1)\div(3+2+1)$

$\quad\quad=8.27（\%）$

答：混配后的煤质指标分别为：发热量 18.42MJ/kg，挥发份 17.04%，硫分 0.71%，水分 8.27%。

Jd3D3048 已知某发动机排量为5.42L,压缩比为7,求燃烧室容积。

解：已知V_n=5.42L, ε=7

∵ $\varepsilon=V_a/V_c=V_n/V_c+1$

∴$V_c=V_n/(\varepsilon-1)=5.42/(7-1)=0.903\ 3（L）$

答：燃烧室容积为0.903 3L。

Jd3D3049 某胶带的电动机功率P是110kW，转速n是1485r/min，减速机的速比i是31.5，主滚筒直径D是1000mm，求胶带的运行速度。

解：$v = \pi D n/(60i) = 3.14 \times 1 \times 1485 \div 60 \div 31.5 = 2.467 \approx 2.5$（m/s）

答：胶带的运行速度是2.5m/s。

Jd3D3050 有一条低压电缆线路长度为750m，用1000V绝缘电阻表测绝缘电阻，其读数为300MΩ，请计算一下其绝缘电阻是否偏低？

解：$R = R_0 \times 500/L$

上式中L为电缆长度。

R_0为电缆长度为500m以下时，最低绝缘电阻值为200MΩ。

$R_1 = 200 \times 500/750 = 133$（MΩ）$< 300$（MΩ）

答：该电缆的绝缘电阻合格，不偏低。

Jd3D3051 两个阻值分别为440Ω、和250Ω的灯泡并联，接在220V的电源上。求流过每个灯泡的电流和各自所消耗的功率。

解：484Ω灯泡的电流 $I_1 = 220/440 = 0.5$（A）

440Ω灯泡的功率 $P_1 = U^2/R = 220^2/440 = 110$（W）

250Ω灯泡的电流 $I_2 = 220/250 = 0.88$（A）

250Ω灯泡的功率 $P_2 = U^2/R = 220^2/250 = 193.6$（W）

答：流过两个灯泡的电流分别为 0.5A 和 0.88A；各自消耗的功率分别为 110W 和 193.6W。

Jd3D3052 皮带传动，已知主动轮节圆直径D_1为200mm，从动轮节圆直径D_2为400mm，主动轮转速$n_1 = 1500$r/min，求从动轮转速是多少？

解：$n_2=D_1n_1/D_2=200×1500÷400=750$（r/min）

答：从动轮转速是750r/min。

Jd3D3053　有三相电能表，每千瓦时的盘转数为2500，每分钟的实际转数为30，求三相每小时内的平均功率。

解：已知每分钟实际盘转数$n=30$，电能表常数$C=2500$

每小时内的平均功率$P=60n/c=30×60/2500=0.72$（kW）

答：每小时内的平均功率0.72kW。

Jd3D3054　已知YOX510液力耦合器油腔容积为23L，求其最大和最小充油量是多少？

解：最大充油量$=23×80\%=18.4$（L）

最小充油量$=23×40\%=9.2$（L）

答：最大充油量是18.4L，最小充油量是9.2L。

Jd3D3055　已知一千斤顶的螺纹，其螺距t为2.5mm，螺纹头数n为3，求螺纹旋转一周千斤顶上升的高度。

解：$h=nt=2.5×3=7.5$（mm）

答：螺纹旋转一周千斤顶上升的高度是7.5mm。

Je5D1056　已知锅炉燃用 $Q_{ar,net}=28$MJ/kg 的煤 2000t，问其燃用多少吨标准煤？

解：$\because Q_{ar,net}=28$MJ/kg，$m=2000$t

标准煤的发热是 $Q_{ar,net}=29.307\ 6$MJ/kg

$\therefore$折合标准煤 $m_1=(2000×28)/29.307\ 6=1911$（t）

答：折合标准煤约 1911t。

Je5D1057　一个工作油缸的工作速度 v 为 2m/min，活塞的工作面积 S 为 100cm²，求流入油缸的液压油的量 Q。

解：$Q=Sv=100×200=20\ 000$（cm³/min）=20L/min

答：流量 Q 为 20L/min。

Je5D1058 齿轮模数 $m=5$，$Z_1=16$，$Z_2=87$，第二级传动齿轮模数 $m=8$，$Z_3=21$，$Z_4=87$，问此减速机的速比 i 是多少？

解： 第一级速比 $i_1=Z_2/Z_1=87/16=5.44$

第二级速比 $i_2=Z_4/Z_3=88/21=4.19$

总速比 $i=i_1i_2=5.44×4.19=22.79$

答： 此减速机的速比 i 是 22.79。

Je5D2059 电厂输煤系统中某皮带运输机，假设传动滚筒功率 P_0 为 90kW，总传动效率 η 为 90%，功率备用系数 K 为 1.5，问用多大功率的电动机较合适？

解： 由 $\eta=KP_0/P_1$ 得

$P_1=KP_0/\eta=1.5×90÷0.9=150$（kW）

答： 用 150kW 的电动机较合适。

Je5D2060 已知一油缸内径 $d_{内}$ 为 250mm，系统的最大工作压力 p 为 7MPa，活塞杆的直径 $d_{杆}$ 为 100mm，试求此油缸的最大推力 F_{Tmax} 和最大拉力 F_{Lmax}。

解： $F_{Tmax}=p\dfrac{1}{4}\pi d_{内}^2=7×10^6×\dfrac{1}{4}×3.14×(0.25)^2$

$=343\ 437.5$（N）

$F_{Lmax}=p\dfrac{1}{4}\pi(d_{内}^2-d_{杆}^2)=7×10^6×\dfrac{1}{4}×3.14×(0.25^2-0.1^2)$

$=288\ 487.5$（N）

答： 此油缸的最大推力为 343 437.5N，最大拉力为 288 487.5N。

Je5D2061 如图 D-11 所示。已知 $R=60$mm，$\alpha=60°$，求出这扇形 AOB 的

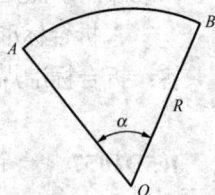

图 D-11

面积 A。

解：$A = \dfrac{\pi R^2 \times 60°}{360°}$

$\qquad = \dfrac{3.14 \times 6^2 \times 60°}{360°}$

$\qquad = 1884$（mm^2）

答：这个扇形的面积 A 为 $1884mm^2$。

Je5D3062　装配图上标有 $\phi 50\dfrac{H7}{R6}$，查孔的尺寸 $\phi 50H7$

$\begin{pmatrix} +0.03 \\ 0 \end{pmatrix}$，轴尺寸 $\phi 50R_6 \begin{pmatrix} +0.021 \\ +0.002 \end{pmatrix}$，求孔与轴的基本尺寸，最大、

最小极限尺寸，最大过盈和最大间隙，配合制度，配合类型。

答：孔与轴的基本尺寸为 $\phi 50$。

孔的最大极限尺寸为 $\phi 50.03$。

孔的最小极限尺寸为 $\phi 50$。

轴的最大极限尺寸为 $\phi 50.021$。

轴的最小极限尺寸为 $\phi 50.002$。

最大过盈 $= 0.021 - 0 = 0.021$（mm）。

最大间隙 $= 0.03 - 0.002 = 0.028$（mm）。

配合制度为基孔制，过渡配合。

Je5D4063　已知一卷运输胶带内圈直径 $d_1 = 400mm$，外圈

直径 $D = 1320mm$，层数 $i = 37$，试算出这卷皮带的长度 L。

解：可按下式估算长度

$$L = (D + d_1) i \dfrac{\pi}{2}$$

$$L = (1320 + 400) \times 37 \times \dfrac{3.14}{2} \approx 100（m）$$

答：这卷皮带长度 L 是 $100m$。

Je5D4064 如图 D-12 所示，有一个液压缸活塞面积 $A=5×10^4mm^2$，下腔压强 $p=50MPa$，求产生的力 F。

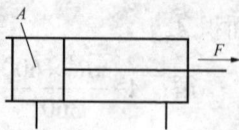

图 D-12

解：$F=pA=50×10^6×5×10^4×10^{-6}=2.5×10^6$（N）

答：所产生的力 F 是 $2.5×10^6$N。

Je4D1065 有一对链传动，小链轮转速 $n_1=48r/min$，大链轮转速 $n_2=24r/min$，已知小链轮齿数 $Z_1=17$，则大链轮应配多少齿数？

解：速比 $i=n_1/n_2=48/24=2$

由 $\dfrac{Z_2}{Z_1}=i$

得 $Z_2=iZ_1=2×17=34$（齿）

答：大链轮应配 34 齿。

Je4D1066 某推煤机的平均推煤距离 L 为 35m，推煤机前进和后退的平均速度 v 为 0.5m/s，提升放下铲刀及变换速度所占用时间 t 为 20s，求推煤机每小时推煤次数 n（推煤机为水平推煤）。

解：$n=3600/(2L/v+t)=3600÷(2×35÷0.5+20)$

$=22.5$（次）

答：推煤机每小时推煤 22.5 次。

Je4D1067 某液压装置油缸直径 d 为 400mm，油缸的顶力 F 为 $1.568×10^6$N，试求这个油缸的工作压强 p。

解：由 $F=\pi R^2 p$

可知 $p=F/(\pi R^2)$

$=1.568×10^6\bigg/\left[3.14×\left(\dfrac{1}{2}×0.4\right)^2\right]=12.48$（MPa）

答：要求的工作压强 p 是 12.48MPa。

Je4D2068 有一个液压系统液压泵为 CB–50 齿轮泵，电动机的转速 n=1450r/min，问这个泵每分钟可供给系统多少液压油（泵的排量是 50mL/r）？

解：Q=n×50=50×1450=72.5（L）

答：这个油泵每分钟可供给系统 72.5L。

Je4D2069 有一油泵 CB–50C，效率 η=0.85，配用电动机的转速 n=1400r/min，试求该泵的实际输出流量 Q。

解：由题意可知，该泵的排量 g=50mL/r，则

Q=$gn\eta$×10^{-3}=50×1400×0.85×10^3=59.5（L/min）

答：该泵的实际排量为 59.5L/min。

Je4D2070 某台输送机的倾角为 18°（倾斜系数 C=0.85），输送带的速度 v 是 2.5m/s，带宽 B=1.4m，煤的堆积密度 ρ=1×10^3kg/m^3，承载断面系数 K=455，速度系数 γ=0.98，求该输送机的输送量 Q。

解：Q=$KB^2v\rho C\gamma$

$\quad\quad$=455×1.4^2×2.5×1×10^3×0.85×0.98

$\quad\quad$≈1857（t/h）

答：这台输送机的输送量 Q 为 1857t/h。

Je4D2071 某汽轮发电机额定功率 P 为 200MW，则 30 天该机组的额定发电量 W 为多少千瓦时？

解：W=Pt=200×10^3×720=1.44×10^8（kWh）

答：该机组在 30 天内的发电量是 1.44×10^8kWh。

Le4D2072 一堆取料机，斗轮机构料斗有 9 个，斗容为 0.5m^3，斗轮电动机的转速为 n_1=1470r/min，减速器的速比为

i=20.49，斗轮摆线齿轮齿数 Z_1=10，滚圆半侧销柱 Z_2=120，Z_1 与 Z_2 啮合传动，其他因素不考虑，试求该机满负荷时的出力（已知 η=0.8）。

解：$i=i_1i_2$=20.49×120/10=245.88

斗轮的回转速 n 为

$n=n_1/i$=1470/245.88=5.98（r/min）

负荷的出力为

5.98×60×9×0.8×0.5=1291.68（t/h）

答：该轮斗机的出力为 1291.68t/h。

Je4D2073 某电厂用火车运煤，第一列进煤车 m_1n_1=60t×15 节，m_2n_2=70t×15 节，第二列进煤车 m_3n_3=60t×12 节，m_4n_4=70t×26 节，问两列煤车共运多少吨煤？

解：第一列运进煤数量 $G_1=m_1n_1$=60×15=900（t）

$\qquad G_1'=m_2n_2$=70×15=1050（t）

第二列运进煤数量 $G_2=m_3n_3$=60×12=720（t）

$\qquad G_2'=m_4n_4$=70×26=1820（t）

两列煤车共运进数量 $G=G_1+G_1'+G_2+G_2'$=900+1050+720+1820=4490（t）

答：两列共运进煤 4490t。

Je4D3074 一台输送机的输送量 Q=1200t/h，带速 c=2.4m/s，物料的堆积密度 ρ=1×10³kg/m³，承载断面系数 K=455，倾角系数 C=1，速度系数 ε=1，求该机输送带宽度 B。

解：$\because B=[Q/(K\rho cC\varepsilon)]^{\frac{1}{2}}$

$\qquad \therefore B=[1200×10^3/(455×1×10^3×2.4×1×1)]^{\frac{1}{2}}$

$\qquad\qquad =1.15$（m）

$\qquad\qquad \approx 1.1$（m）

答：该输送机带宽 B 为 1.1m。

Je4D3075 如图 D-13 所示，已知 A_1=300mm^2，A_2=150mm^2，p_1=30MPa，p_2=25MPa。求这个液压缸所产生的力 F。

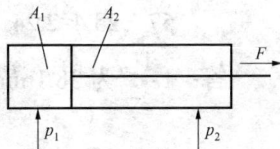

图 D-13

解：F_1=A_1p_1=300×30=9000（N）

F_2=A_2p_2=150×25=3750（N）

F=F_1−F_2=9000−3750=5250（N）

答：F 力为 5250N。

Je4D3076 如图 D-14 所示，A_1=400mm^2，A_2=200mm^2，p=40MPa，求这个差动式活塞缸所产生的推力 F。

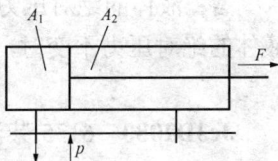

图 D-14

解：F=$p(A_1-A_2)$=40×(400−200)

=8000（N）

答：这个活塞可生产 8000N 的力。

Je4D4077 已知一液压千斤顶，其活塞直径 d=100mm，工作压力为 p=80MPa，试计算该千斤顶的起重量 Q。

解：该千斤顶的起重量 Q 为

Q=Sp=$\pi(d/2)^2p$

p=3.14×(0.1÷2)^2×8=62.8（t）

答：此千斤顶的起重量为 62.8t。

Je4D4078 在我们运行岗位的生产现场经常遇到公制、英制单位的换算问题。试计算 $1\frac{1}{2}$ ″ 为多少毫米？57mm 为多少英寸？

解：因为 1″=25.4mm

故 $1\frac{1}{2}$ ″×25.4=38.1（mm）

$57 \div 25.4 = 2.24''$

答：$1\frac{1}{2}''$ 为 38.1mm，57mm 为 2.24″。

Je3D2079 某液压系统的压力表从表上读得 p_e 为 0.5MPa，大气压力 p_{amb} 为 0.101MPa，求液体内的绝对压力 p。如果大气压力降低，而液体的绝对压力不变，则压力表的读数将如何变化？

解：$p = p_e + p_{amb} = 0.5 + 0.101 = 0.601$（MPa）

答：液体的绝对压力为 0.601MPa，如果大气压力降低，而液体的绝对压力不变时，压力表的读数将增加。

Je3D2080 6135 柴油机为 6 缸，气缸直径 d 为 135mm，活塞行程 L 为 140mm，求全部气缸的工作容积 V。

解：$V = \pi d^2 nL/4 = 3.14 \times 13.5^2 \times 6 \times 14 \div 4 = 12\,018$（cm³）$= 12$L

答：全部气缸的工作容积 V 为 12L。

Je3D2081 某电厂抓煤的管理，全年比计划用煤少用了 20×10^4t，试计算相当节约多少标准煤（设年平均的低位发热量是 20 934kJ/kg）？

解：$B_b = 20 \times 10^4 \times 20\,934 \div 29\,307.6 = 14.29 \times 10^4$（t）

答：每年相当于节约 14.29×10^4t 标准煤。

Je3D3082 有一根 $\phi 50$ 的轴，加工时可以在 $\phi 50 \sim \phi 49.5$ 范围内变动，试求出其上偏差和下偏差，并写出标准尺寸的形式。

答：上偏差 = 50 − 50 = 0

下偏差 = 49.5 − 50 = −0.5

尺寸标注为 $\phi 50^{0}_{-0.5}$。

Je3D3083　已知电厂机械不完全燃烧损失的热量 Q_1= 3500kJ/kg，燃煤的发热量 Q_r=29 300kJ/kg，求机械不完全燃烧的热量损失 q。

解：$q = \dfrac{Q_1}{Q_r} = \dfrac{3500}{29\ 300} \times 100\% = 12\%$

答：机械不完全燃烧的热量损失 q 为 12%。

Je3D3084　有一台砂轮机转速 n 为 1500r/min，当砂轮外径 d 为 117mm 时，问磨削时砂轮的线速度 v 是多少？

解：$v = \dfrac{nd\pi}{60} = \dfrac{1500 \times 117 \times 3.14}{60}$

　　　$= 9.18 \times 10^3$（mm/s）

　　　$= 9.18$（m/s）

答：磨削时砂轮的线速度 v 为 9.18m/s。

Je3D4085　斗轮机有一个长方体形的油箱（如图 D-15 所示），加油时不能超过油箱高度的 85%，问这个油箱最多可加液压油多少千克（液压油的密度 ρ 为 0.784×10^3kg/m^3）？

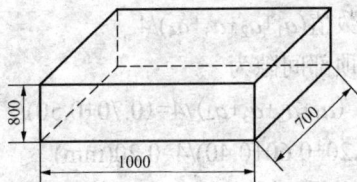

图 D-15

解：$V = Lah = 1000 \times 800 \times 700 = 5.6 \times 10^8$（mm^3）

　　　$m = V \times 0.784 \times 85\% = 5.6 \times 10^8 \times 0.784 \times 10^3 \times 0.85 \approx 373.2$（kg）

答：这个油箱可加 373.2kg 液压油。

Je3D4086　某电厂燃料输煤皮带带速 v=2.5m/s，问皮带运转 3min，移动距离多少米？

解：$S=vt=2.5\times3\times60=450$（m）

答：皮带运转 3min 移动距离是 450m。

Je3D4087 某台机组每小时发电量为 200×10^3kWh，锅炉燃用煤的发热量为 13 395kJ/kg，发电用标准煤耗为 360g/（kWh），求每小时耗用的天然煤量（标准煤的发热量为 29 307kJ/kg）。

解：标准燃煤量=标准煤耗×发电量

$=360\times200\times10^3=72\times10^6$（g）

$=72\,000$kg

原煤量=标准煤发热量/原煤的低位发热量

$=72\,000\times29\,307/13\,395=157\,529$（kg）$=157.5$t

答：天然煤量为 157.5t。

Je3D4088 某轴直径为110mm，轴径铅丝压偏后厚度b_1为0.70mm，b_2为0.05mm，轴瓦结合面各受铅丝压扁后厚度a_1为0.40mm，a_2为0.20mm，a_3为0.60mm，a_4为0.40mm，试计算轴承平均顶部间隙是多少。

解：轴承顶部数值$(b_1+b_2)/2$

轴瓦结合面数值$(a_1+a_2+a_3+a_4)/4$

则轴承平均顶部间隙为

$\Delta=(b_1+b_2)/2-(a_1+a_2+a_3+a_4)/4=(0.70+0.50)/2$

$-(0.40+0.20+0.60+0.40)/4=0.20$(mm)

答：轴承平均顶部间隙为0.20mm。

Je3D2089 某电厂一昼夜发电 1.2×10^6kWh，此功应由多少热量转换而来（不计能的损失）？

解：$\because$ 1kWh$=3.6\times10^3$kJ

$\therefore Q=3.6\times10^3\times1.2\times10^6=4.32\times10^9$（kJ）

答：此功应由 4.32×10^9kJ 的热量转换来。

Je3D5090 有一个制动轮的直径 d=300mm，为阻止一扭矩 T=150N·m，求应给制动轮的最大摩擦力 f（外边）为多少？

解：$T=f\dfrac{d}{2}$

f=2T/d=2×150/0.3=1（kN）

答：应给制动轮的最大摩擦力 f 为 1kN。

Je3D5091 有一个拉杆采用的直径 d 为 22mm 的 A3 钢，拉力 T 为 5580kg、$[\sigma]$ =1600kg/cm^2，问这杆是否安全？

解：工作应力 $\sigma=\dfrac{T}{A}=\dfrac{4T}{\pi d^2}$

$\qquad\qquad\quad =\dfrac{4\times5580}{3.14\times2.2^2}$=1468.7（kg/cm^2）

因 $\sigma<[\sigma]$，故此拉杆安全。

答：此拉杆安全。

Je3D5092 已知一台电动机额定频率 f = 50Hz，极对数 P=3，转差率 S=0.04，求电动机的额定转速 n 为多少？

解：同步转速 $n_1=\dfrac{60f}{P}$

$\qquad\qquad\quad =\dfrac{60\times50}{3}$=1000（r/min）

n=1000×(1−0.04)=960（r/min）

答：电动机的额定转速 n 为 960r/min。

Je2D3093 在皮带传动中主动轮的直径 D_1=250mm，从动轮的直径 D_2=400mm，主动轮的转速 n_1=1500r/min，求从动轮的线速度 v_2。

解：$n_1:n_2=D_2:D_1$

$\qquad n_2=D_1n_1/D_2$

$\qquad\quad =250\times1500/400$=937.5（r/min）

$$v_2=\pi D_2 n_2=3.14\times400\times937.5=1177.5\ (\text{m/min})$$
$$=19.625\ (\text{m/s})$$

答：从动轮的线速度 v_2 为 19.625m/s。

Je2D3094　钢板上放着一个 $m=50\text{kg}$ 的毛坯钢块，钢板与毛坯钢块的静摩擦系数 $\mu_0=0.18$，问至少需要多大的水平拉力才能拉动它（$g=10\text{m/s}^2$）？

解：$f_\text{m}=\mu_0 mg=0.18\times50\times10=90\ (\text{N})$

答：至少需用 90N 的水平力才能把它拉动。

Je2D3095　已知 DQ5030 斗轮堆取料机悬臂皮带机，电动机转速为 $n_1=1450\text{r/min}$，减速机速比 $i=25$，传动滚筒直径 $D=1000\text{mm}$，求悬臂皮带机的带速 v。

解：$\because i=\dfrac{n_1}{n_2}$

$$\therefore n_2=\frac{n_1}{i}=\frac{1450}{25}=58\ (\text{r/min})$$

$$v=\frac{\pi D n_2}{60\times1000}=\frac{3.14\times1000\times58}{60\times1000}=3.04\ (\text{m/s})$$

答：悬臂皮带机的带速是 3.04m/s。

Je2D4096　有一个液压连通装置，已知小活塞面积 A_1 是 4cm^2，施加在小活塞上的压力 F_1 为 400N，若大活塞的面积 A_2 为 40cm^2，此时在大活塞上能得到的 F_2 为多少？

解：$p_1=\dfrac{F_1}{A_1}=\dfrac{400}{4}=100\ (\text{N/cm}^2)$

$\because p_1=p_2$

$\therefore F_2=p_1 A_1$

$$=100\times40=4000\ (\text{N})$$

答：此时在大活塞能够得到 4000N 的力。

Je2D4097 某电厂输煤系统胶带运输机，假设传动滚筒功率为 90kW，总传动效率为 90%，功率备用系数为 1.5，则选用多大功率的电动机比较合适？

解：N_0=90kW，η=90%，K=1.5，由 $\eta=KN_0/N_1$，

得　　　　$N_1=KN_0/\eta$=1.5×90/90%=150（kW）

答：选用 150kW 的电动机较合适。

Je2D5098 单级齿轮减速器，电动机的功率 P_0 为 8kW，转速 n=1450r/min，减速箱中的两个齿轮的齿数 Z_1=20，Z_2=40，减速机的效率 η=0.9，试求输出轴能传递的力矩 T 和功率 P。

解：$P=\eta P_0$=0.9×8=7.2（kW）

$n_1/n_2=Z_2/Z_1$

$n_2=n_1Z_1/Z_2$=1450×20/40=725（r/min）

T=9550×P/n_2=9550×7.2/725=94.84（N·m）

答：传递的力矩 T 为 94.84N·m，功率 P 为 7.2kW。

Jf5D1099 如图 D-16 所示，不考虑动滑轮和绳子的重力，绳子与滑轮以及滑轮与轮轴之间的摩擦忽略不计，求匀速提起重 400N 的物体需要施加的作用力 F。

解：$F=G/4$=400/4=100（N）

答：需要施加的作用力 100N。

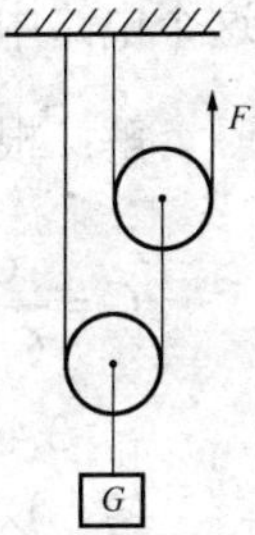

图 D-16

Jf5D1100 如图 D-17 所示，已知 R_1=5Ω，R_2=10Ω，R_3=20Ω。求出电路中的总电阻 R。

解：$R=R_3+\dfrac{R_1 R_2}{R_2+R_1}$

$=20+\dfrac{5\times10}{10+5}$=23.3（Ω）

答：这个电路中的总电阻 R 为 23.3Ω。

Jf5D20101 有一个串联电路（如图 D-18 所示），已知 R_1=10Ω，R_2=20Ω，求电路中的总电阻 R。

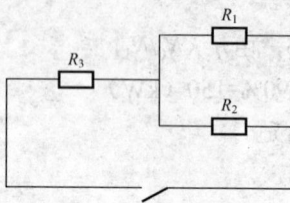

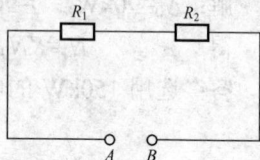

图 D-17　　　　　　　　图 D-18

解：总电阻 $R=R_1+R_2$

$\qquad\qquad$ =10+20

$\qquad\qquad$ =30（Ω）

答：电路中的总电阻 R 为 30Ω。

Jf4D10102 如图 D-19 所示，已知 C_1=6μF，C_2=8μF，求这个电路中总电容 C。

解：根据公式 $\dfrac{1}{C}=\dfrac{1}{C_1}+\dfrac{1}{C_2}$ 得

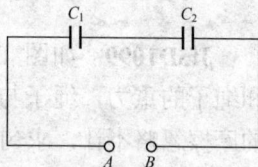

$C=\dfrac{C_1 C_2}{C_1+C_2}=\dfrac{6\times 8}{6+8}=\dfrac{48}{14}$

$\qquad$ =3.4（μF）

图 D-19

答：这个电路中的总电容 C 是 3.4μF。

Jf4D20103 试计算断面积 A 为 5mm^2，长 L 为 200m 的导线的电阻 R（铁电阻系数 ρ =0.1Ω·mm^2/m）。

解：∵ $A=\rho L/R$

$\qquad$ ∴ $R=\rho L/A$ =0.1×200/5=4（Ω）

答：这个导线的电阻 R 为 4Ω。

Jf4D40104 已知一空气压缩机的活塞受拉伸与压缩的对

称循环交变应力，其最大拉力或压力 P_{max}=19 600N，选用材料为 45 号钢，试求活塞杆的最小直径 d_0（活塞杆的许用应力 $[\sigma]$=49MPa）。

解： 根据公式 $A \geqslant \dfrac{P_{max}}{[\sigma]}$，$\dfrac{\pi d_0^2}{4} \geqslant \dfrac{P_{max}}{[\sigma]}$ 得

$$d_0 \geqslant \sqrt{\dfrac{4 \times P_{max}}{\pi \times [\sigma]}} = \sqrt{\dfrac{4 \times 19\,600}{3.14 \times 49}} = 22.5\,(\text{mm})$$

答： 该活塞的直径为 22.5m。

Jf3D30105 已知 D_b=18，D_s=16，L=100，试计算如图 D-20 所示的圆锥销的锥度。

解： 锥度=$(D_b-D_s)/L$
 　　　　=(18−16)100=1/50

答： 锥度为 1:50。

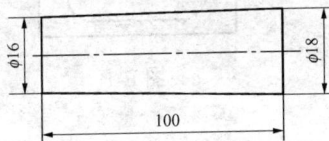

图 D-20

Jf3D40106 燃煤电厂有 2 台锅炉，共 10 个原煤仓，每个原煤仓容积 V 为 500m^3，煤的堆积密度 r 为 0.8t/m，输煤系统出力 Q 为 800t/h，要将各个已燃烧 80%的原燃仓上满煤需要多长时间？

解： 各煤仓总容积为 V=10×500×80%=4000（m^2）
　　各煤仓共需上煤量为 Q=0.8×4000=3200（t）
　　共需上煤时间为 t=3200÷800=4（h）

答： 要将各个已燃烧 80%的原燃仓上满煤需要 4h。

4.1.5 绘图题

LA5E1001 如图 E-1 所示，补画出视图中所漏掉的图线。

答：如图 E-1′所示。

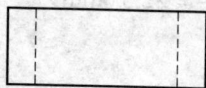 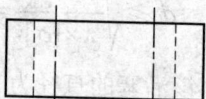

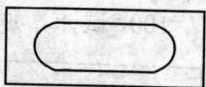 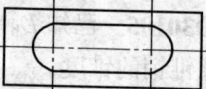

图 E-1 图 E-1′

La5E2002 看懂图 E-2，画出图中各立体图的三视图。

答：如图 E-2′所示。

 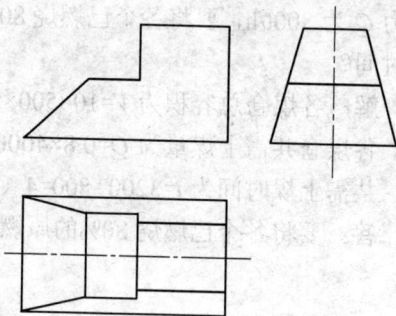

图 E-2 图 E-2′

La4E1003 看懂视图 E-3，补画出视图中所漏掉的图线。

答：如图 E-3′所示。

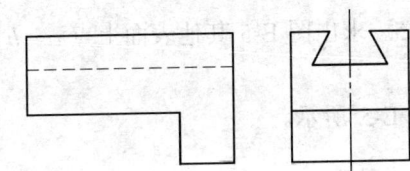

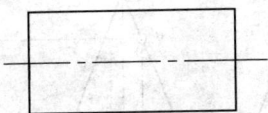

图 E-3

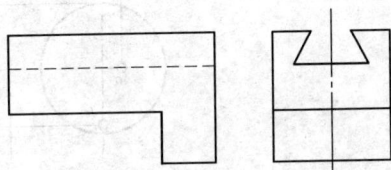

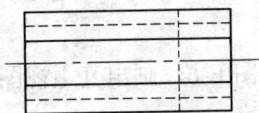

图 E-3′

La4E2004 根据立体图 E-4，画出三视图。

答：如图 E-4′所示。

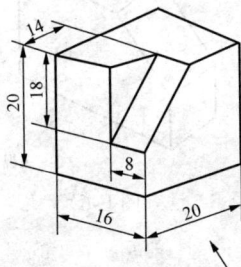

图 E-4

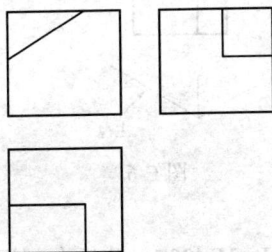

图 E-4′

Lb4E2005　求出图 E-5 其他表面上点 *a*、*b* 的另外两个投影。

答：如图 E-5′ 所示。

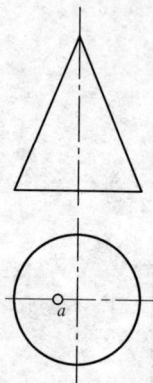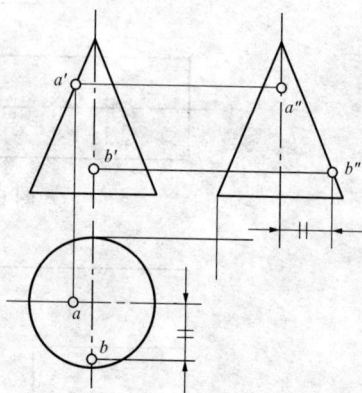

图 E-5　　　　　　　　　　　　　图 E-5′

La3E3006　根据三视图 E-6，画出其主视图。

答：如图 E-6′ 所示。

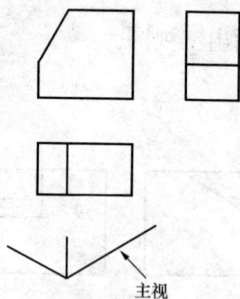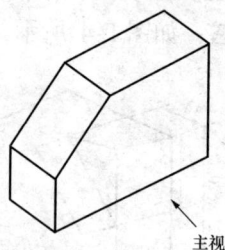

图 E-6　　　　　　　　　　　图 E-6′

La3E4007　分析全剖视图 E-7，补出遗漏的图线。

答：如图 E-7′ 所示。

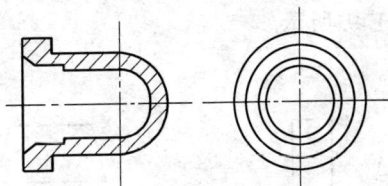

图 E-7

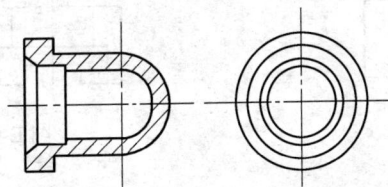

图 E-7′

La3E4008 分析全剖视图 E-8，补出遗漏的图线。

答： 如图 E-8′所示。

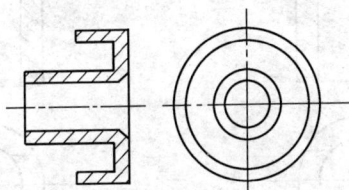

图 E-8

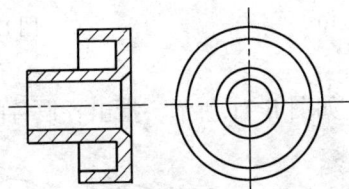

图 E-8′

La2E3009 看懂视图 E-9，补出视图中所漏掉的图线。

149

答：如图 E-9′所示。

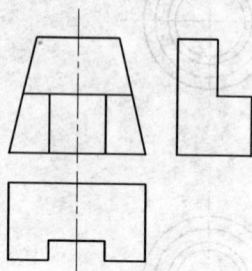

图 E-9

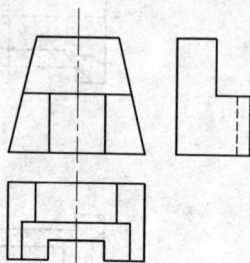

图 E-9′

La2E4010 将剖视图 E-10 中的错误改正过来。

答：如图 E-10′所示。

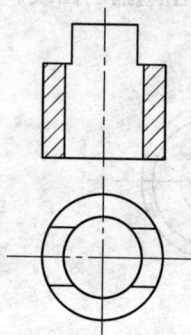

图 E-10

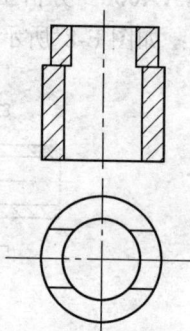

图 E-10′

Lb5E1011 如图 E-11 所示，指出各设备的名称。

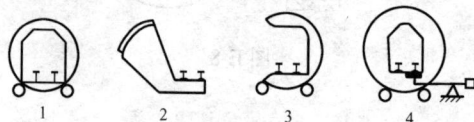

图 E-11

答：1—转子式翻车机；2—侧倾式翻车机；3—C 型转子翻车机；4—带电子衡的转子型翻车机。

Lb5E1012 请画出转速表 1、温度计 2、电压表 3、功率表 4 的符号。

答：如图 E-12 所示。

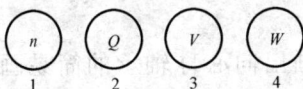

图 E-12

Lb5E2013 如图 E-13 所示，指出各设备的名称。

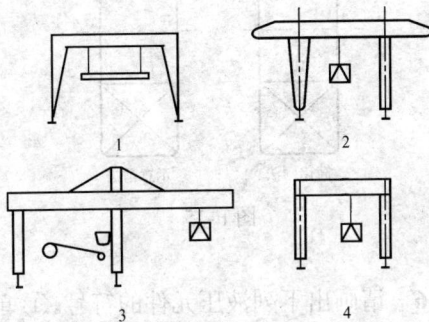

图 E-13

答：1—门式斗轮堆取料机；2—装卸桥；3—桥式抓斗卸船机；4—门式抓斗起重机。

Lb5E2014 如图 E-14 所示，指出各设备的名称。

答：1—伸缩式带式输送机；2—气垫带式输送机；3—带式输送机；4—驱动滚筒。

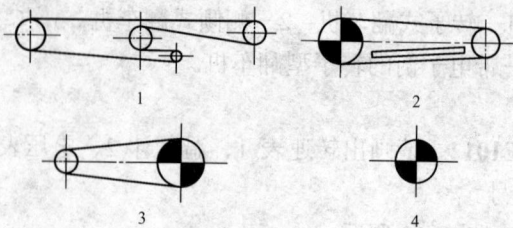

图 E-14

Lb5E3015 画出向心球轴承的简易画法图和示意画法图。

答: 如图 E-15 所示。

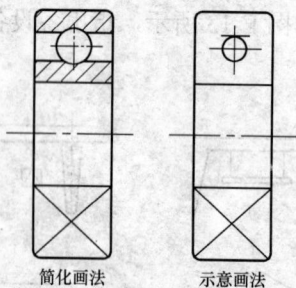

简化画法　　　示意画法

图 E-15

Lb4E1016 请画出下列液压元件的符号。① 单向阀;② 溢流阀; ③ 开关; ④ 常闭二位二通阀。

答: 分别如图 E-16(a)、(b)、(c)、(d) 所示。

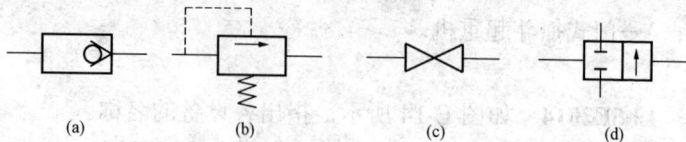

(a)　　　　(b)　　　　(c)　　　　(d)

图 E-16

(a)单向阀;(b)溢流阀;(c)开关;(d)常闭二位二通阀

Lb4E2017 请画出电气回路接地和短路接地的图形符号。① 电气回路接地图形符号；② 短路接地图形符号。

答：分别如图 E-17（a）、（b）所示。

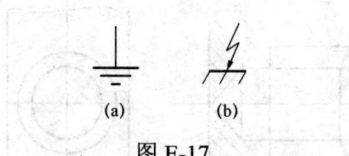

图 E-17

（a）电气回路接地图形符号；（b）短路接地图形符号

Lb4E2018 请说明图 E-18 警告标志的含义。

答：警告标志的含义为注意安全。

Lb4E3019 请说明图 E-19 警告标志的含义。

答：警告标志的含义为当心火灾。

图 E-18

图 E-19

Lb4E3020 请说明图 E-20 禁止标志的含义。

答：标志的含义为禁止启动。

图 E-20

Lb3E2021 找出图 E-21 画法中的错误,并画出正确的图形。

答:如图 E-21′所示。

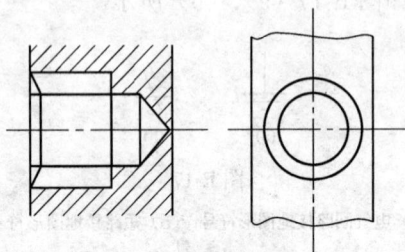

图 E-21

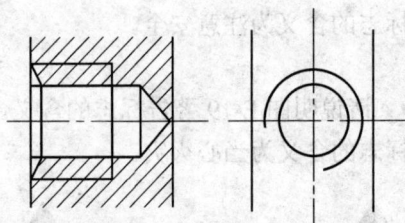

图 E-21′

Lb3E2022 请说明图 E-22 禁止标志的含义。

答:标志的含义为修理时禁止转动。

Lb3E3023 设计一个照明电路,要求用一个开关同时控制两个电灯。

答:如图 E-23 所示。

图 E-22

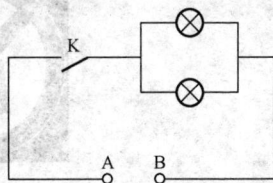

图 E-23

Lb3E3024 如图 E-24 所示，指出图形符号的名称。

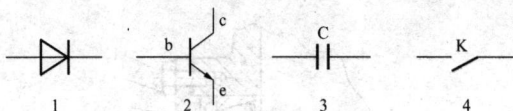

图 E-24

答：1—二极管；2—三极管；3—电容；4—开关。

Lb3E3025 请说明图 E-25 中指令标志的含义。
答：标志的含义为必须戴安全帽。

Lb3E3026 请说明图 E-26 指令标志的含义。
答：标志的含义为必须戴防护手套。

图 E-25

图 E-26

Je2E3027 如图 E-27 所示，做 $\vec{a}$、$\vec{b}$ 的向量和。
答：如图 E-27′所示。

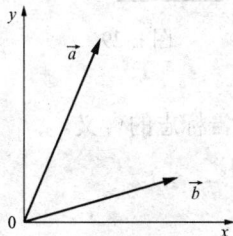

图 E-27

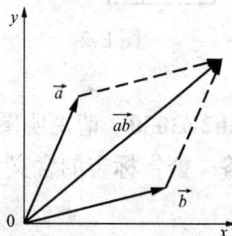

图 E-27′

Lb3E5028 指出装配图 E-28 中零件的名称。

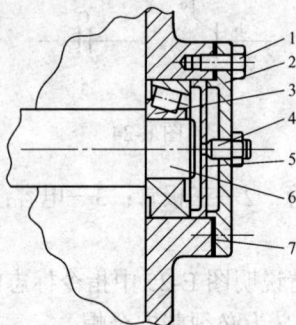

图 E-28

答：1—螺栓；2—轴承端盖；3—轴承；4—调整螺丝；5—压盖；6—轴；7—调整垫。

La2E2029 看懂视图 E-29，补出视图中所漏掉的线。
答：如图 E-29′所示。

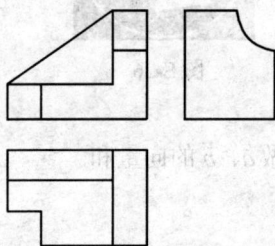
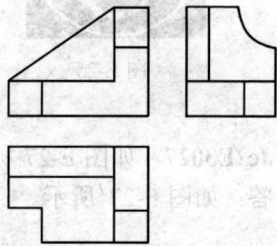

图 E-29 　　　　　　　　　　图 E-29′

Lb2E3030 请说明图 E-30 中警告标志的含义。
答：警告标志的含义为当心落物。

Lb2E3031 请说明图 E-31 禁止标志的含义。
答：警告标志的含义为运转时禁止加油。

图 E-30

图 E-31

Lb2E3032　请画出本厂的煤场平面图。

答：结合本厂情况编写。

Lb2E4033　有一输煤系统图（如图 E-33 所示），画出其流程图。并指出图中各设备的名称和流程方向。

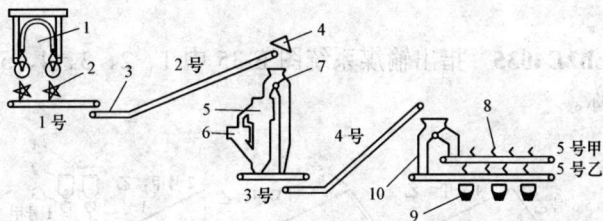
图 E-33

答：1—螺旋卸煤机；2—叶轮给煤机；3—带式皮带机；4—带式除铁器；5—筛煤机；6—碎煤机；7—翻板；8—犁煤器；9—原煤斗；10—落煤管。

流程方向：从左向右。

Lb2E4034　图 E-34 是 KFJ-1 型侧倾式翻车机压车原理图，指出其各部件的名称。

答：1—压车缸；2—储能器；3—开闭阀；4—单向阀；5—液压泵；6—高压溢流阀；7—低压溢流阀；8—压力继电器；9—电动机；10—压力计。

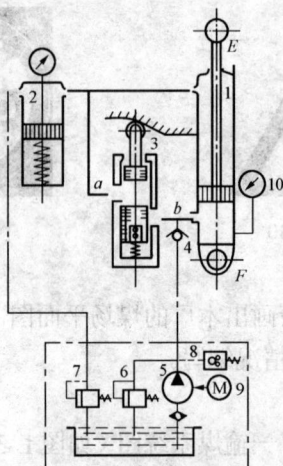

图 E-34

Lb2E4035 指出输煤系统图 E-35 中 1、2、3、4、5 设备的名称。

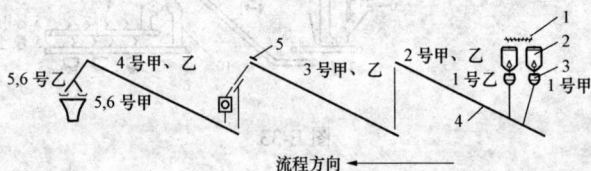

图 E-35

答：1—螺旋卸煤机；2—缝式煤沟；3—叶轮给煤机；4—带式输送机；5—带式电磁除铁器。

Lb2E4036 改正下列电路图 E-36 的接法，使 2 个白炽灯正常工作。

答：如图 E-36′所示。

Lb2E5037 如图 E-37 所示，指出十字轴式万向联轴器各部件的名称。

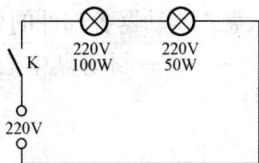

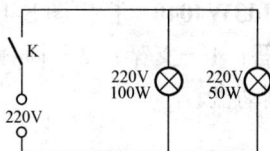

图 E-36 　　　　　　　　图 E-36′

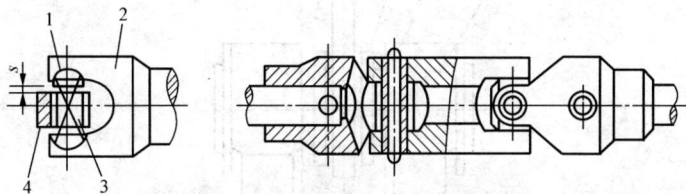

图 E-37

答：1—半圆滑块；2—叉头；3—销轴；4—扁头。

Lb2E4038　指出液压系统图 E-38 中 1、3、5、6 的名称。

答：1—油箱；3—单向定量液压泵；5—溢流阀；6—电磁换向阀。

Lb2E5039　画出蜗杆减速器蜗杆上置的结构简图。

答：如图 E-39 所示。

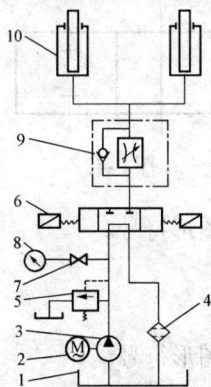

图 E-38

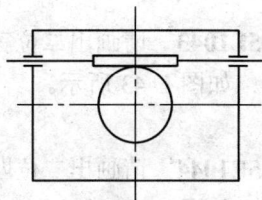

图 E-39

159

Jd3W4040 指出图 E-40 中所示盘式制动器各部件的名称。

答：1—支架；2—筒体；3—闸瓦；4—制动盘中心面；5—制动盘。

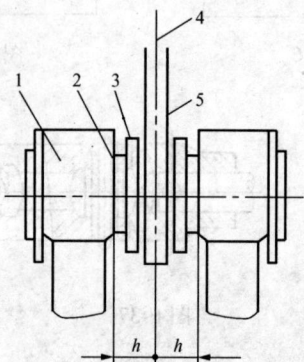

图 E-40

Je5E1041 请画出常闭式二位二通阀的图形符号。
答：如图 E-41 所示。

Je5E1042 请画出常通式二位二通阀的图形符号。
答：如图 E-42 所示。

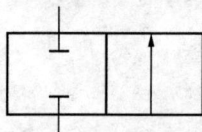

图 E-41

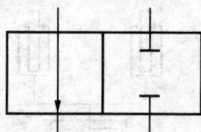

图 E-42

Je5E1043 请画出二位三通阀的图形符号。
答：如图 E-43 所示。

Je5E1044 请画出二位四通阀的图形符号。
答：如图 E-44 所示。

Je5E2045 请画出 OP 型三位四通阀的图形符号。

答：如图 E-45 所示。

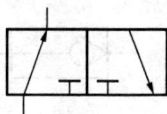 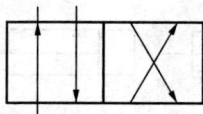 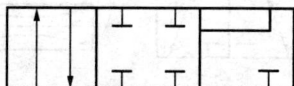

图 E-43   图 E-44   图 E-45

Je5E2046 请画出 MP 型三位四通阀的图形符号。

答：如图 E-46 所示。

Je5E2047 请说出图 E-47 中图形符号代表的控制方式。

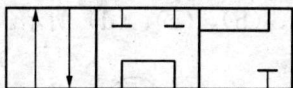   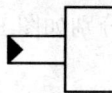

图 E-46   图 E-47

答：先导式液压控制阀。

Je5E3048 请画出下列液压元件的图形符号。① 单向定量液压泵；② 双向变量液压泵；③ 双向变量液压电动机；④ 单向定量电动机。

答：分别如图 E-48（a）、（b）、（c）、（d）所示。

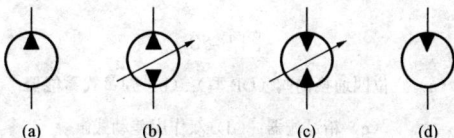

(a)   (b)   (c)   (d)

图 E-48

（a）单向定量液压泵；（b）双向变量液压泵；

（c）双向变量液压电动机；（d）单向定量电动机

Je5E3049 请写出图 E-49（a）、（b）、（c）、（d）所示符号表示的液压元件的名称。

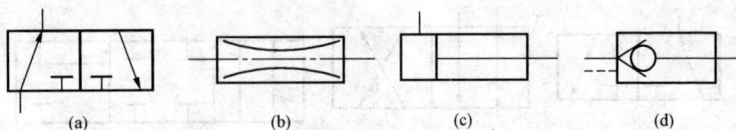

图 E-49

答：（a）为二位三通换向阀，（b）为固定式节流阀，（c）为单作用单活塞缸，（d）为液控单向阀。

Je5E4050 请画出下列液压元件的符号。① 三位四通换向阀（OP 型）；② 弹簧式蓄能器；③ 精过滤器；④ 双作用差动式缸。

答：分别如图 E-50（a）、（b）、（c）、（d）所示。

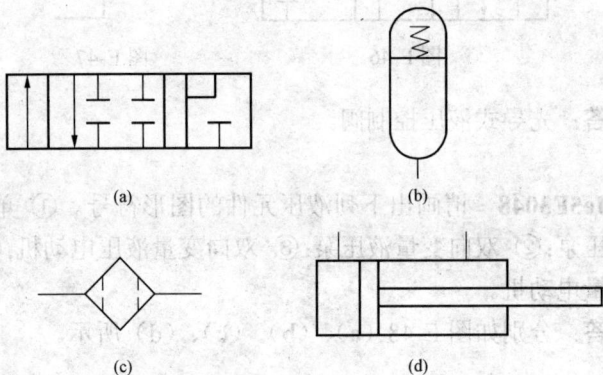

图 E-50

（a）三位四通换向阀（OP 型）；（b）弹簧式蓄能器；

（c）精过滤器；（d）双作用差动式缸

Je4E1051 如图 E-51 所示，请指出各图形符号代表设备的名称。

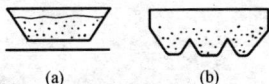

图 E-51

答：（a）缝式煤槽；（b）鳞形式卸煤沟。

Je4E1052 如图 E-52 所示，指出各图形符号代表设备的名称。

答：（a）电磁驱动滚筒；（b）电磁滚筒。

Je4E2053 如图 E-53 所示，指出各图形符号代表的设备名称。

答：（a）空车铁牛；（b）迁车台。

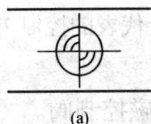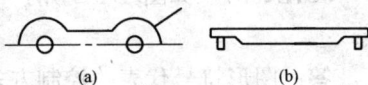

图 E-52   图 E-53

Je4E2054 如图 E-54 所示，指出各图形符号代表的设备名称。

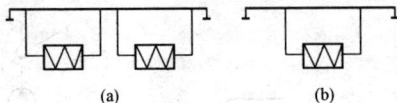

图 E-54

答：（a）双排式桥式螺旋卸煤机；（b）单排式桥式螺旋卸煤机。

Je4E2055 如图 E-55 所示，指出各图形符号代表的设备名称。

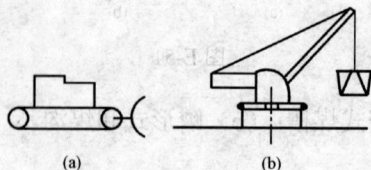

图 E-55

答：（a）推煤机；（b）固定式抓斗卸船机。

Je4E2056　如图 E-56 所示，请说出下面图形符号代表的控制方式。

答：图形符号代表的控制方式为手柄式人工控制。

Je4E2057　如图 E-57 所示，请说出图形符号代表的控制方式。

答：图形符号代表的控制方式为单线圈式电磁控制阀。

Jd4E2058　请画出立式减速机的润滑原理图。

答：如图 E-58 所示。

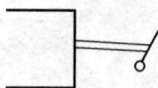

图 E-56

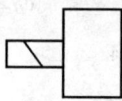

图 E-57

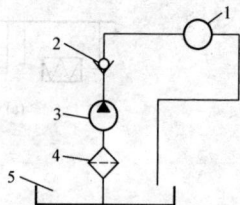

图 E-58

1—齿轮；2—单向阀；3—凸轮式柱塞泵；

4—过滤器；5—油箱

Je4E3059　如图 E-59 所示，请指出该 5t×40mm 装卸桥 1、3、5 的名称。

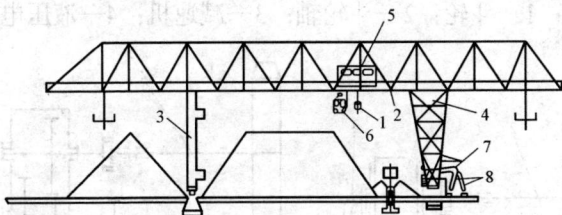

图 E-59

答：1—抓斗装置；3—挠性支腿；5—起重小车。

Je4E3060　找出 DQ8030 型斗轮堆取料机液压变幅机构构成原理图 E-60 中的错误。

答：正确构成原理图如图 E-60′所示。

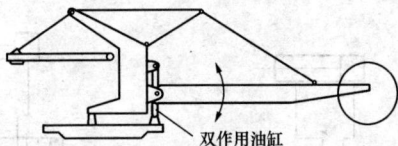

图 E-60

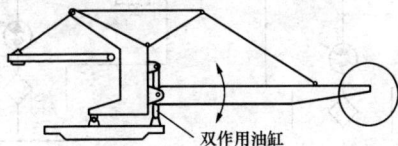

图 E-60′

Je4E4061　请指出图 E-61 斗轮液压驱动简图中各元件的名称。

答：1—斗轮；2—斗轮轴；3—内曲线液压电动机；4—液压系统。

Je4E4062 如图 E-62 所示，指出机械液压联合斗轮驱动简图中各元件名称。

答：1—斗轮；2—斗轮轴；3—减速机；4—液压电动机。

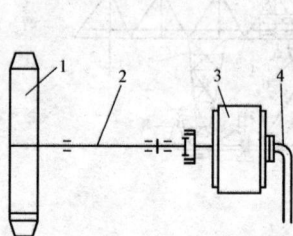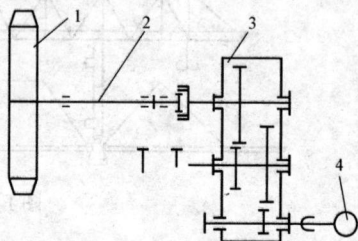

图 E-61　　　　　　　　　　　图 E-62

Je3E2063 请把 DQ5030 斗轮机俯仰系统图 E-63 中漏掉的元件符号加上。

答：如图 E-63′所示。

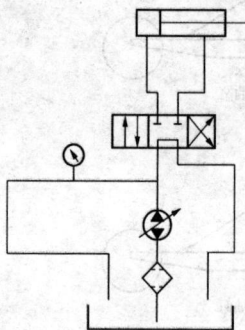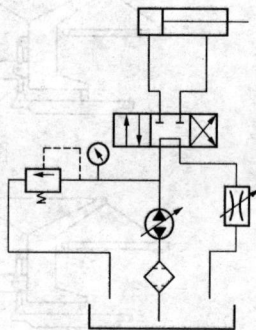

图 E-63　　　　　　　　图 E-63′

Je3E2064 请指出 DQ5030 主机液压系统原理图 E-64 中各元件的名称。

答：1—斗轮电动机；2、9、11—压力表；3、6、16—溢流阀；4、7—柱塞泵；5、12—电动机；8—换向阀；10—回转电动机；13—齿轮泵；14—滤油器；15—单向阀。

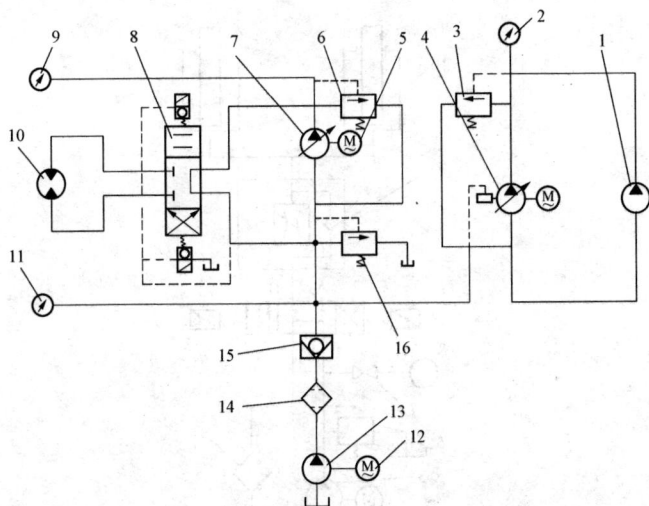

图 E-64

Je3E2065　请指出液压系统图 E-65 中 2、6、5 元件代表的名称。

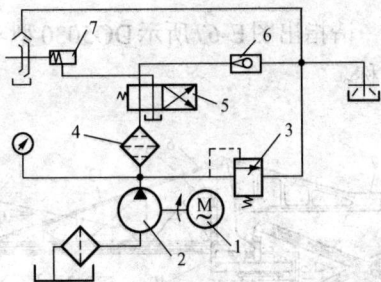

图 E-65

答： 2—单向定量泵；6—单向阀；5—两位两通换向阀。

Je3E3066　请指出图 E-66 中 5、7、10 元件符号所代表的

名称。

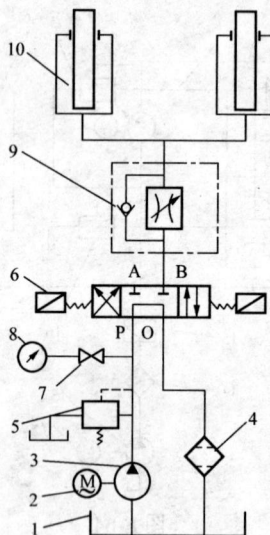

图 E-66

答：5—溢流阀；7—压力表开关；10—单作用油缸。

Je3E3067 请指出图 E-67 所示 DQ5030 型斗轮堆取料机中 1～6 机构的名称。

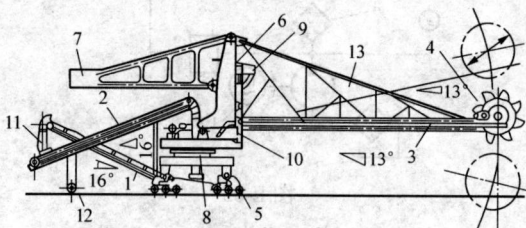

图 E-67

答：1—主皮带机；2—尾车皮带机；3—悬臂皮带机；4—斗轮及斗轮装置；5—驱动台车；6—门架。

Je3E3068 1250t/h 卸船机的总图如图 E-68 所示，指出 1、3、5、7、9 的名称。

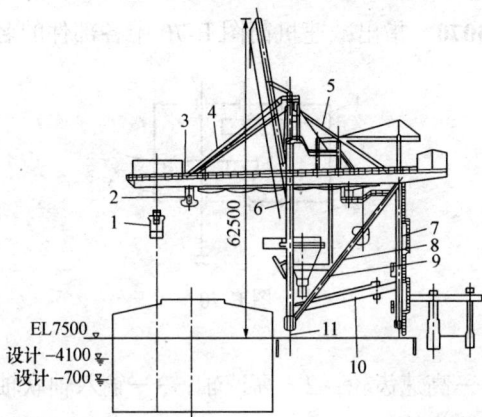

图 E-68

答：1—抓斗；3—桥架；5—斜撑杆；7—陆侧门架；9—落煤斗。

Je3E3069 请指出图 E-69 中桥型螺旋卸煤机各机构的名称。

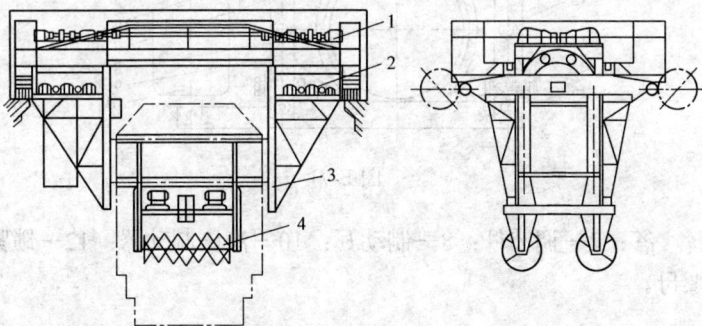

图 E-69

答：1—螺旋升起机构；2—大车引起机构；3—金属架构；4—螺旋旋转机构。

Je3E3070　指出减速机简图 E-70 中各部件的名称。

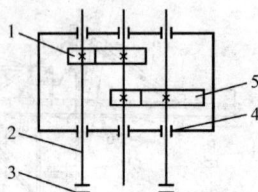

图 E-70

答：1—高速齿轮；2—高速轴；3—输入轴联轴器；4—轴承；5—低速齿轮。

Je3E4071　指出 YWZ 液压瓦块制动器结构图 E-71 中 2、8、10、12 的名称。

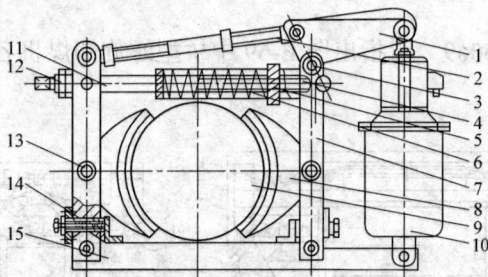

图 E-71

答：2—调节杆；8—制动瓦；10—液压制动器；12—锁紧螺母。

Je3E4072　如图 E-72 所示，指出 KFJ–1 型翻车机各部件

的名称。

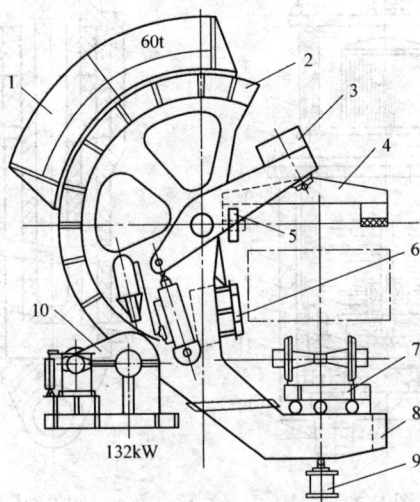

图 E-72

答：1—配重；2—回转盘；3—压车主梁；4—压车横梁；
5—压车梁支腿；6—托车梁；7—活动平台；8—联系梁；9—缓冲
装置；10—传动装置。

Je3E4073 指出 YT1 液压推杆结构图 E-73 中 1、3、6、
10 的名称。

答：1—连杆；3—电动机；6—轴承；10—叶轮。

Je3E4074 指出图 E-74 柱塞油缸各部件的名称。

答：1—上绞座；2—压盖；3—导向套；4—组合密封环；
5—O 形密封圈；6—套；7—柱塞；8—缸体；9—进油孔；
10—下绞座。

171

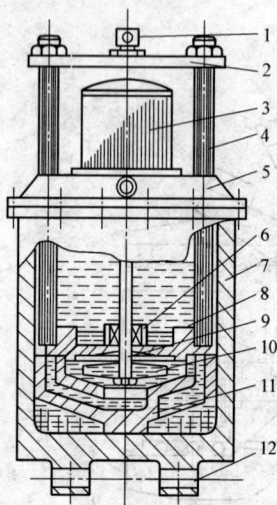

图 E-73

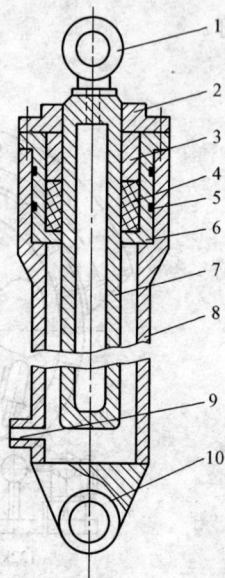

图 E-74

Je3E4075 画出使用滑轮省力 $\frac{1}{3}$ 的示意。（要求：重物上升、向下用力）

答：如图 E-75 所示。

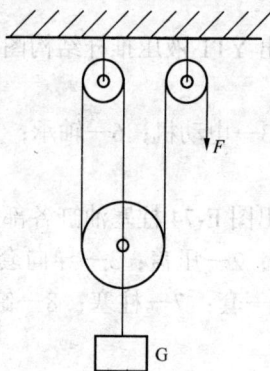

图 E-75

172

Je3E5076 画出三级圆柱齿轮减速机展开式运动简图。

答： 如图 E-76 所示。

Je2E2077 请说出图 E-77 所示图形符号代表的控制方式。

答： 图形符号代表的控制方式为滚轮式机械控制。

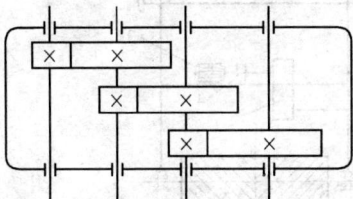

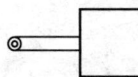

图 E-76　　　　　　　　图 E-77

Je2E3078 请设计一个斗轮机斗轮系统的基本回路（用符号）。

答： 如图 E-78 所示。

Je3E5079 画出带式输送机驱动装置示意。

答： 如图 E-79 所示。

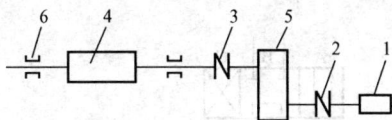

图 E-79

1—电动机；2、3—联轴器；

4—驱动滚筒；5—减速机；

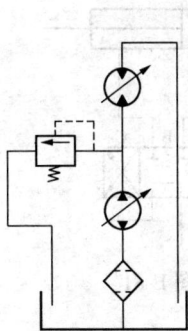

图 E-78

6—轴承座

Je2E3080 请画出桥型螺旋卸煤机螺旋旋转机构简图，并指出各部件的名称。

答：如图 E-80 所示。

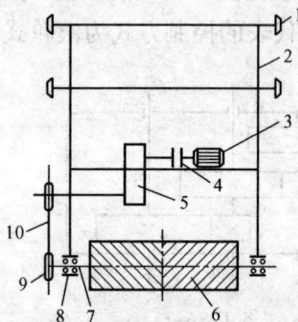

图 E-80

1—上挡轮；2—螺旋支架；3—电动机；4—联轴器；5—减速器；

6—螺旋叶片；7—轴；8—轴承座；9—链轮；10—链条

Je2E3081 当换向阀处于 A 位置时，缸杆的运动方向如图 E-81 所示，请正确连接此系统图。

答：如图 E-81 所示。

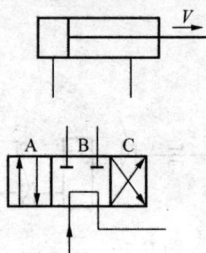

图 E-81

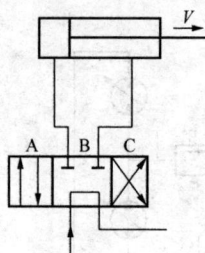

图 E-81′

Je2E3082 标出图 E-82 所示换向阀在 C 位置时各油路的液流方向。

答：如图 E-82′所示。

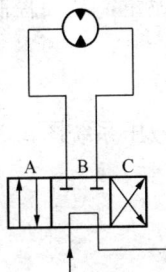

图 E-82

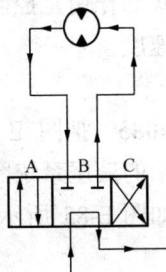

图 E-82′

Lb3E4083 如图 E-83 所示，指出这个盘式制动器支架各部件的名称。

答： 1—支架；2—筒体；3—闸瓦；4—制动盘中心面；5—制动盘。

Je2E4084 指出下面液压系统图 E-84 中各部件的名称并说出节流阀的作用。

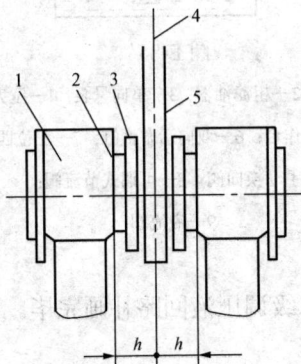

图 E-83

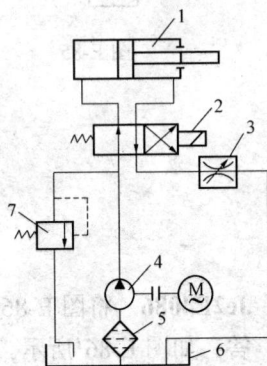

图 E-84

答： 1—液压缸；2—换向阀；3—节流阀；4—液压泵；

5—滤油器；6—油箱；7—溢流阀。

节流阀的作用是控制油缸的回油流量，从而控制油缸内活塞的运动速度。

Je2E4085 把图 E-85 半结构式液压系统图，改绘成为图形符号表示的液压系统图。

答：如图 E-85′所示。

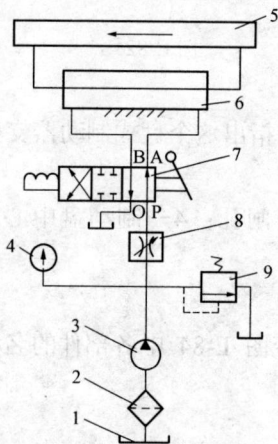 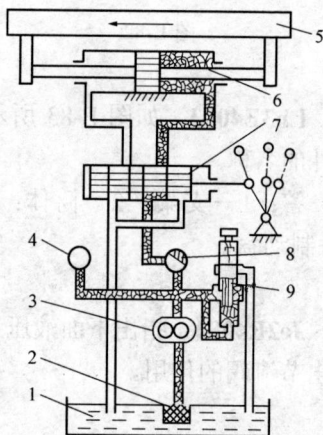

图 E-85　　　　　　　　　　图 E-85′

1—油箱；2—粗滤油器；3—单向量泵；4—压力表；

5—工作台；6—双向活塞油缸；7—三位四

通手动换向阀；8—可调式节流阀；

9—溢流阀

Je2E4086 将图 E-86 所示二级调压液回路补画完毕。

答：如图 E-86′所示。

Je2E4087 如图 E-87 所示，指出折返式翻车机卸车线示意图中各设备的名称。

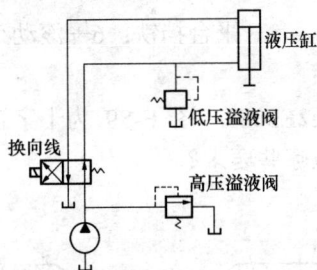

液压缸

低压溢液阀

换向线

高压溢液阀

图 E-86

图 E-86′

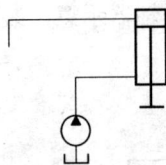

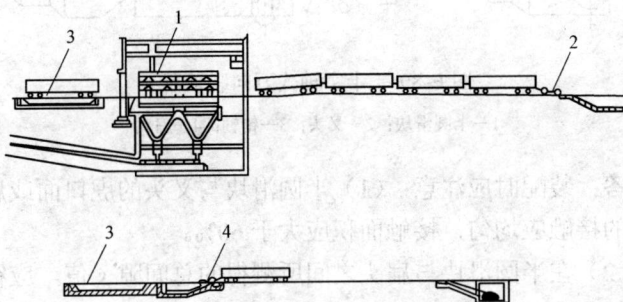

图 E-87

答：1—翻车机；2—重车铁牛，3—迁车台；4—空车铁牛。

Je2E4088 指出 KFJ-3 型转子翻车机示意图 E-88 中各设备的名称。

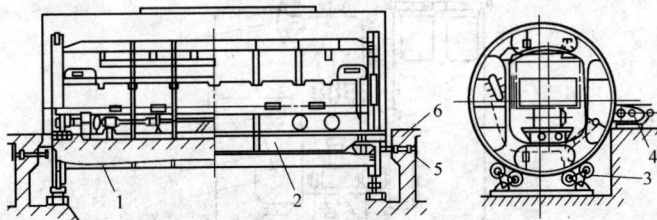

图 E-88

答：1—转子；2—平台及压车机构；3—支承托辊；4—传

177

动装置；5—平台挡铁；6—滚动止挡。

Je2E5089 图 E-89 为十字轴式万向联轴器示意，装配时应注意哪些要求？

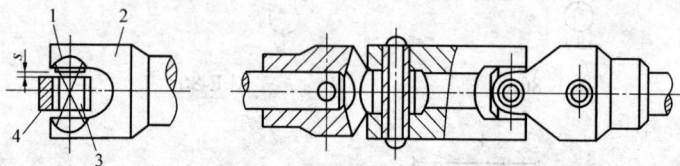

图 E-89 十字轴式万向联轴器

1—半圆滑块；2—叉头；3—销轴；4—扁头

答：装配时应注意：（1）半圆滑块与叉头的虎口面或扁头平面的接触应均匀，接触面积应大于 60%。

（2）在半圆滑块与扁头之间所测得的总间隙 s 值，应符合产品标准和技术文件的规定，当联轴器可逆转时，间隙应取小值。

Je2E5090 如图 E-90 所示，指出柴油机燃油供给系统各部件的名称。

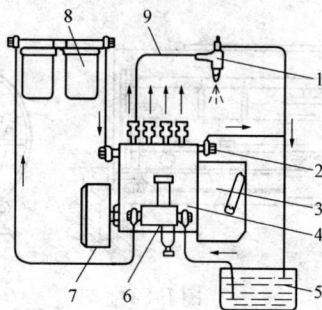

图 E-90

答：1—喷油器；2—溢流阀；3—调速器；
4—喷油泵；5—燃料油箱；6—输油泵；7—喷
油角提前器；8—柴油滤清器；9—高压油管。

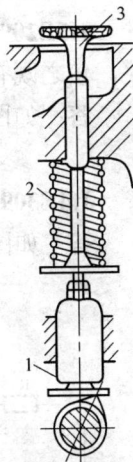

Je2E5091 如图 E-91 所示，指出配气机构
简图中各部件的名称。

答：1—凸轮；2—推杆；3—气门。

Je2E2092 如图 E-92 所示，指出单活塞杆
液压缸结构图的 1、3、6、9、14、16、17 的名称。

答：1—缸底；3—套环；6—O 形密封圈；
9—Yx 形密封圈；14—防尘圈；16—定位螺钉；
17—耳环。

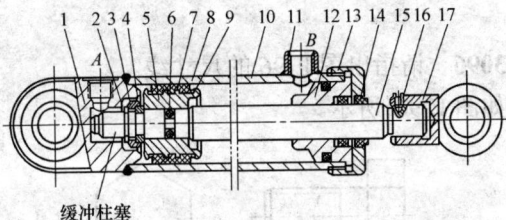

图 E-91

图 E-92

Jf5E1093 指出图 E-93 所示电路的接法。

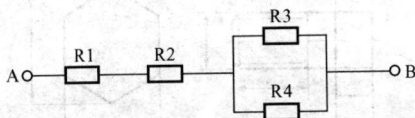

图 E-93

答：R3、R4 并联与 R1、R2 串联。

Jf5E2094 已知有 3 个电阻 R1、R2、R3，请设计一个电路，使之既有串联又有并联。

答：如图 E-94 所示。

Jf4E3095 请画出三相电动机星形接法示意。

答：如图 E-95 所示。

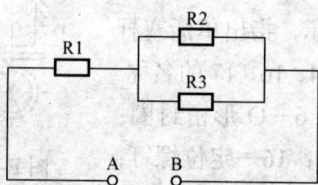

图 E-94

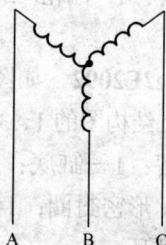

图 E-95

Jf3E3096 请指出图 E-96 的尺寸线。

答：如图 E-96′所示。

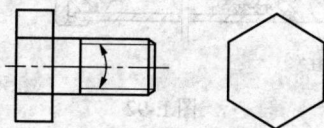

图 E-96

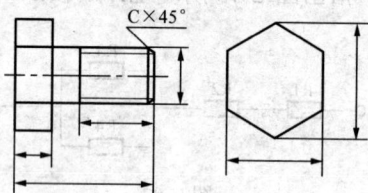

图 E-96′

Jf3E4097 某房屋要接三盏灯，要求用一支开关控制一盏灯，另一支开关控制 2 盏灯，请画出电路图。

答：如图 E-97 所示。

Jf2E3098 请画出三相电动机三角形接法示意。

答：如图 E-98 所示。

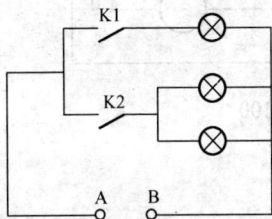

图 E-97

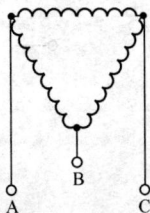

图 E-98

Jf2E3099 请将单相桥式整流电路图 E-99 中缺的元件符号补上。

答：如图 E-99′ 所示。

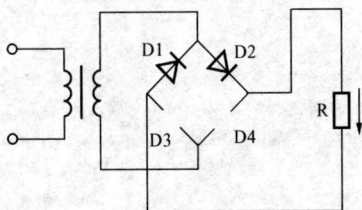

图 E-99

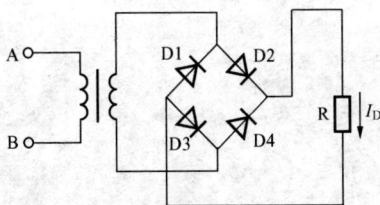

图 E-99′

Jf2E5100 请画出日光灯的接线。

答：如图 E-100 所示。

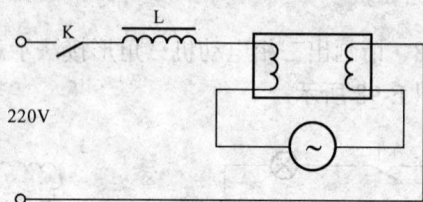

图 E-100

4.1.6　论述题

Lb5F1001　叙述输煤系统故障及事故处理原则。

答：主要故障及处理原则如下：

（1）设备运行过程中一旦发生异常或事故，当班运行人员应沉着冷静、坚守岗位，根据异常或事故现象迅速查明事故的原因、地点、范围、性质，及时采取措施处理。

（2）控制事故发展，隔离故障部分，解除对人身和设备的威胁，并立即向上一级领导汇报。

（3）在事故处理过程中，各岗位对班长发出的正确命令均应服从，若出现错误命令并将危及设备及人身安全时，应拒绝执行并提出正确的建议。

（4）当发生规程之外的事故或异常情况，值班人员在保证设备及人身安全的情况下，应根据有关知识和运行经验进行及时处理。

（5）异常及事故发生时，值班或检修人员检查或寻找故障点，在未与其取得联系前，无论情况何等紧急，绝不允许将检查设备强行送电启动。

（6）事故处理后，班长和各岗位值班人员将事故发生时间、过程、所造成的后果、保护动作情况详细地记录在运行日志上。在处理事故时，无关人员不得进入现场。接班人员在交班班长的指挥下协助处理，处理完毕才可交接班。

（7）应千方百计组织上煤，确保锅炉的正常运行。

（8）当设备发生火灾时，值班人员应立即汇报或拨打厂内火警电话，并利用现场消防设施按《电业安全工作规程》等规定进行及时灭火。班长应组织各岗位人员进行相应的事故处理，同时汇报值长和部门领导。

Lb5F1002　接收工作票、布置和执行安全措施的程序是什么？

答：（一）接收工作票

（1）工作票一般应在开工前一天，当日消除缺陷的工作票应在开工前 1h 送交运行班长，由运行班长对工作票全部内容进行审查，必要时填好补充安全措施。确认无问题后，记上收到工作票时间，并在接票人处签名。

（2）如审查发现问题，应向工作负责人询问清楚，如安全措施有错误或重要遗漏，工作票签发人应重新签发工作票。

（3）运行班长签收工作票后，应在工作票登记簿上进行登记。

（4）必须经过值长或单元长审批的工作票，应由发电厂作出明确规定，印发给运行班组及有关车间、科室。

（二）布置和执行安全措施

（1）根据工作票计划开工时间、安全措施内容、机组开停计划和值长或单元长意见，由班长在适当时候布置运行值班人员执行工作票所列安全措施。重要措施（由发电厂自定）应由班长或司机、司炉监护执行。

（2）安全措施中如需电气值班人员执行断开电源措施时，热机运行班长应填写停电联系单，送电气运行班长，以布置和执行断开电源措施。措施执行完毕，填写措施完成时间，执行人签名后，将停电联系单退给热机运行班长并做好记录。如电气和热机为非集中控制，措施执行完毕，填好措施完成时间，执行人签名后可用电话通知热机运行班长，并在联系单上记录受话的热机班长姓名。停电联系单可保存在电气运行班长处备查，热机运行班长接到通知后应做好记录。如果工作负责人符合《电业安全工作规程（发电厂和变电所电气部分）》要求的条件，能按上述规程第 77 条和工作许可人共同到现场（配电室）检查安全措施确已正确地执行，则可不使用停电联系单。

（3）安全措施全部执行完毕，应报告运行班长，经运行班长了解执行情况无误后，联系工作负责人办理开工手续。

Jf2F2003　1211 灭火器的特点和性能是什么？

答：（1）1211 灭火器是一种储压式液压气体灭火器，1211 是碳氢氯溴的原子数，它是卤代烷灭火剂的一种，毒性低，腐蚀性小。

（2）它的灭火作用是抑制燃烧的连锁反应，使火熄灭。此外，还有一定的冷却和窒息作用，灭火效能高。

（3）1211 灭火器沸点低、易汽化，常温下是气体，在氮气压力下，以液态罐压在钢瓶内，并且久储不变质。

（4）灭火后不留痕迹，不污损物品，绝缘性能好，因此适用性广泛（油、电、精密仪器、档案、图书等均可以扑救）。

（5）价格较高，是一般灭火器的 3 倍。

Lb5F2004　如何理解装卸桥操作中的稳、准、快、安全和合理？

答： 稳、准、快、安全和合理是操作装卸桥的基本功。

稳：是指在运行过程中，抓斗停在所需要的位置时，不产生任何摇摆。

准：是指在稳的基础上，准确地把抓斗放在或停在所需要的位置。

快：是指在稳、准的基础上，使各运行机构协调地配合工作，用最少的时间完成抓卸作业。认真做好设备维护保养工作，发生故障时，能迅速排除，保证设备在工作时间不间断地投入工作，这是快的重要保证。

安全：是指对设备做到预检预修，保证装卸桥在完好状态下可靠地工作；操作中要严格执行安全技术操作规程，不发生任何设备与人身事故；要有预见事故的能力，及时地制止事故；在意外故障情况下，能机动灵活地采取措施，制止事故或使损失最小。

合理：是指在了解、掌握机械特性的基础上，根据被抓物的具体情况，正确地操纵控制器。

稳、准、快、安全、合理几个方面是相互联系的。稳和准是快的前提，否则就不能做到快，不能保证安全生产，快就失去了意义。但只注意安全而不快，也不能充分发挥设备的工作效率。只有做到稳、准、快、安全、合理地操作，才能使装卸桥充分发挥作用。

Lb5F2005 试述皮带机运行突然停机的原因及处理方法。

答：原因：

（1）电动机突然失电，连锁跳闸。

（2）皮带机电源开关故障。

（3）电气保护动作。

（4）堵煤、跑偏、打滑等保护装置动作。

（5）误揿急停按钮或拉绳开关。

处理：

（1）通知电工检查熔丝是否断或是其他原因。

（2）将热电偶保护装置复位。

（3）处理跑偏、堵煤及打滑现象。

（4）将急停、拉绳开关复位。

Lb5F2006 斗轮机大车行走部分启动前应检查什么？

答：应检查以下内容：

（1）轨道上应无障碍物。

（2）轨道旁及电缆上应无积煤，否则应予清除。

（3）动力电缆及控制电缆应无松弛，电缆卷绕整齐，电缆表面无破损。电缆导向器内滑轮完好无卡涩或磨损，电缆松弛限位开关、过中心点限位开关及接线完好。

（4）大车行走轮无卡轨或出轨现象，各台车传动齿轮无断齿，固定螺栓无松动、脱落；轨道清扫器完好，终端限位开关完好。

（5）夹轨器完好，电动机、传动装置完好，手动试验夹紧、放松，动作顺畅，夹轨器限位完好。

（6）锚定装置在"解除"位置，限位开关完好。若已锚定，应解除锚定，并将销子插好。

Lb5F2007　斗轮机的液压系统压力低是由什么原因造成的？

答：系统压力低的原因主要有：

（1）油泵的转向不对或零件损破，吸油路阻力过大或漏气，致使油泵打不出油来。如新泵也可能泵体有铸造孔或砂眼，使吸油腔与压油腔相通，失去压油能力。

（2）如果拧紧溢流阀（安全阀），压力仍无变化，可能是阀芯因异物存在而卡死或弹簧折断，失去作用。

（3）检查溢流阀后系统仍无压力，可能在压力油路中其他阀卡上，也可能液动机中密封损坏产生严重内泄所致。

（4）如整个系统能建立正常压力，但某些管道或液动机中没有压力，则可能是管道（特别是橡皮软管接头）小孔或节流阀堵死。

Lb4F1008　试述推煤机例行保养的内容。

答：在发动机熄火之前，检查各部分及仪表电气设备是否正常，传动装置及行走部分的发热程度。

例行保养为每工作 8～10h 一次。

发动机熄火以后，应做如下保养工作：

（1）清除推煤机各部泥土、油污，擦洗发动机外部。

（2）检查各部螺栓有无松动现象。

（3）按润滑要求，分别润滑各点。

（4）在粉尘较多的条件下作业时，应经常检查、清理柴油箱盖上的通气孔，必要时清洗油箱盖内的过滤填料，洗完后在机油内浸一下。

（5）检查随机工具是否齐全。

（6）每工作 60h 后，旋下飞轮罩，启动机离合器和转向离合器室下面的放油塞，以及主离合器下监视孔盖，放出里面的油污及脏物。

（7）检查风扇皮带的张紧度，必要时加以调整。

（8）每工作 60h 后，向各杠杆、关节摩擦部分注润滑油一次，但履带活节处不许加注。

Lb4F1009　门式斗轮机斗轮及斗轮小车启动前应检查什么？

答：应检查以下内容：

（1）斗轮轮圈应完好，连接螺丝无松动，各支撑轮、导向轮应转动灵活，底座牢固，挡煤板无脱落，斗轮护板应无严重磨损，无脱焊及松动；挡煤板应无裂缝或脱焊。

（2）轮斗无变形，固定螺丝无松动，销轴无严重磨损、松动、滑脱。

（3）销齿与齿轮应啮合、润滑良好；无煤块、木块及其他异物卡塞；销齿完整无断裂、脱销且与轮圈连接牢固，无松动；齿轮防护罩完好。

（4）斗轮小车走轮应无出轨，轨道清扫器应完好，轨道应平整，无煤或杂物堆积；终端限位开关完好，撞杆无移位或脱落。

（5）电缆滑线车应完好；轨道应清理干净，无积煤现象；电缆牵引钢丝绳无断裂或松弛现象。

Lb4F1010　试述推煤机二级技术保养的内容。

答：二级技术保养为每工作 240h 一次。每工作 240h 主要执行柴油机的保养项目。底盘部分的二级保养项目可按 480h 执行一次。底盘部分的保养项目除执行例行保养、一级技术保养的项目外，另需增加下述保养内容：

（1）清理机油散热器和水箱外部。

（2）检查发电机，必要时清理整流器和电刷，清理电压调节器的接触点，如有故障，应及时修理和调整。

（3）清洗柴油箱（不必卸下）及箱盖通气孔的填料和加油口滤网。

（4）检查离合器各销轴、板簧固定是否可靠。检查离合器挠性连片的连接状态，有无断裂现象，发现后应及时更换（各组一起更换）。如果换后短时间又发生断裂现象，此时应检查发动机与变速箱的同心度，必要时加以调整。

（5）检查并调整主离合器及启动机离合器。

（6）检查并调整操向杆和制动踏板的行程。

（7）通过离合器上罩检视孔，检查接合机构的滑动帽、折闪等的固定是否可靠。

（8）检查驱动轮圈和驱动轮毂的连接是否有松动现象。

（9）如扳动操向杆费力，应检查增力器油封是否有漏油现象。如果油封损坏，应及时更换；如果增力器主轴花键套的填料油封漏油，应用拧紧油封压紧螺圈的方法进行调整。

（10）检查张紧轮、支重轮和托带轮的润滑油量，必要时添加。

（11）按润滑表要求润滑各点。

（12）全面检查推煤机外部所有的紧固螺栓，并及时拧紧。

（13）整车试运转。

Lb4F1011　试述液力耦合器易熔塞熔化喷油的原因。

答：主要原因有：

（1）充油量过多和过少。

（2）从动机械运转不灵活，耗用功率过大。

（3）工作机长时间超负荷运行。

（4）耦合器匹配不合理。

（5）易熔合金的熔点过低。

（6）启动过于频繁或带负荷启动。

Lb4F2012　试述输煤静电除尘器的工作原理。

答：在电除尘器本体的阳极板（收尘极）和阴极板（电晕线）间施加负高压直流电压时，便在阳极板和阴极板间产生一种不均匀高压电场，当施加电压足够时，阴极线附近产生电晕放电，形成大量的电子和正负离子。当含尘烟气通过电场时，粉尘吸附离子或电子而荷电，荷电粉尘在电场力作用下，向异极移动，到达收尘极板（阳极板）的粉尘在电场力和粉尘黏力的作用下沉积在其上面，并向极板释放其电荷，收尘极板上的粉尘达到一定厚度时，通过定时振打阳极板的方式或粉尘堆积后的自重自动剥离落于集灰斗内，经电动液压锁气门自动排出。库顶式电除尘器无集灰斗，其收集粉尘直接落于煤仓内。

Lb4F2013　试述推耙机在作业中应注意哪些事项？

答：注意事项主要有：

（1）推耙机司机必须经过培训考试合格。

（2）司机必须正确使用各种安全闭锁装置。

（3）机器在行驶时严禁人员上、下。

（4）推耙机必须有良好的照明和警告喇叭。

（5）推耙机制动器失灵禁止使用。

（6）司机在作业中，应严格监视面板上各提示灯及仪表上的指示。

（7）推耙机在耙舱作业时禁止机器过度倾斜作业。

（8）推耙机在舱内禁止在卸船机作业范围内进行作业。

（9）推刀在推耙过载时，应立即停止行驶，待减少推刀负载后再进行推耙作业。

（10）在清舱时，减速踏板与制动踏板要配合使用正确，防止前进或后退时撞击船舱壁损坏设备。

（11）推耙机清舱至舱底时，油门应减小，转向要缓慢，以防止打滑、失控。

（12）推耙机在舱内停机必须停放在卸船机作业范围之外。

（13）推耙机在码头上行驶时，应注意与卸船机保持 3m 以上的安全距离以防止碰擦。

（14）推耙机在加燃油、机油和防冻液时，发动机必须熄灭。

（15）推耙机在吊入船舱和吊出船舱、移舱前，必须严格检查吊架、钢丝绳、卸扣，如钢丝绳严重磨损、断丝超过规程规定、吊架严重变形、脱焊、卸克损坏、有裂纹和变形等，禁止起吊推耙机。

（16）推耙机在起吊作业中，驾驶室内禁止坐人。

（17）司机离开驾驶室时应将停车杆和安全放至锁紧位置。

Lb4F3014　链斗式卸船机运行中的注意事项有哪些？

答：注意事项主要有：

（1）链斗式卸船机严禁带负荷启动。

（2）料斗在挖取煤时，回转足部前端离船仓壁不得少于 1m。

（3）在挖取物料时，最多只能下降一个料斗的深度。

（4）操作人员应以足部前端离仓壁距离为准，并随时注意圆筒离船仓口的距离。

（5）在卸煤时，应采用交替循环的操作方式，即往同一方向运行 2～3 个循环后，须改变方向运行。

（6）在挖取物料时，足部后跟的煤不要堆积太高，最高不得超过 1.8m。

（7）当卸船机在船舱取煤时，最好的操作方式是由船舱的外围先卸，然后再取船舱中央的煤。

（8）当悬臂皮带上有余煤时，悬臂的抬升角度不能超过 30°。

（9）大车行走时，应注意臂架、悬臂足部、配重等不得与船上设备、码头设备相碰撞。

（10）液压系统在运行前让液压系统运转 5～10min，使油路充分交换液压油。

（11）取料头前端与舱壁之间必须留有不少于 1.0m 的安全距离，当船由于潮水而漂移时，必须留有 2m 的安全距离。

（12）当船靠泊后，司机应上船了解船舱的结构尺寸以及楼梯的具体位置和舱壁的距离。在卸煤过程中应与这些物体保持足够的安全距离。

Lb4F3015　试述液压系统的组成及作用。

答：一个完整的液压系统，由以下几部分组成：

（1）动力部分。油泵，用来将机械能转换为液压能。

（2）执行部分。油缸、油马达，用来将液压能转换为机械能。

（3）控制部分。压力控制阀、方向控制阀和流量控制阀等，用来控制和调节液流，以满足对传动性能的要求。

（4）工作介质。油液，用来传递能量。

（5）辅助部分。油箱、滤油器、储能器、加热器、冷却器、管路、接头和液压表等，这些辅助元件对液压系统是必不可少的。

Lb3F3016　试述 C 型侧倾式翻车机的工作过程。

答：工作过程如下：车辆停在翻车机上，电动机启动，传动装置通过钢绳拖动大钳臂，并带着活动平台和车辆一起，绕第一回转点转动。安装在活动平台下部的辊子沿着固定在基础上的活动平台转动导轨滚动。与此同时，活动平台绕销轴转动，车辆便靠在托车梁上。继续转动，则活动平台离开轨道，活动平台和车辆以及煤的重量都由托车梁和铰接销轴来支承。当转动到车辆上边梁与压车爪子接触后，大钳臂、小钳臂、活动平台、车辆、压车梁以及压车爪子连成一体，绕第二回转点转动，物料卸至侧面的受料槽内，直至终点。翻车机从终点返回零位，按上述逆过程进行。

Lb3f3017 润滑管理的"五定"有哪些内容？

答："五定"就是：

（1）定质。按照设备润滑规定的油品加油、加脂。换油清洗时要保证清洗质量，设备上各种润滑装置要完善，器具要保持清洁。

（2）定量。按规定的数量加油、加脂。

（3）定点。确定设备需要润滑的部位和润滑点。

（4）定期。按规定的时间加油、换油。

（5）定人。按规定的润滑部位和润滑点，指定专人负责。

Lb3F3018 试述怎样进行工作终结。

答：（1）工作完工后，工作负责人应全面检查并组织清扫整理施工现场，确认无问题时，带领工作人员撤离现场。

（2）工作负责人持工作票会同工作许可人共同到现场检查验收，确认无问题时，办理终结手续。

（3）工作许可人在一式两份工作票上记入终结时间，双方签名后盖上"已执行"印章，双方各留一份。

（4）设备系统变更后，工作负责人应将检修情况、设备变动情况以及运行人员应注意的事项向运行人员进行交代，并在检修交代记录簿或设备变动记录簿上登记清楚后方可变动。

（5）工作负责人应向工作票签发人汇报工作任务完成情况及存在问题，并交回所持的一份工作票。

Lb3F3019 试述在岗工作人员的培训内容。

答：培训内容主要有：

（1）在岗工作人员应定期进行有针对性的现场考问，及事故演习技术问答和事故预想等现场培训活动。

（2）离开运行岗位3个月及以上的值班人员，必须经过熟悉设备系统，熟悉运行方式的跟班实习。并经《电业安全工作规程》考试合格后，才可再上岗工作。

（3）生产人员调换岗位，所操作设备或技术条件发生变化，必须进行适应新岗位，新操作方法的安全技术教育和实际操作训练，经考试合格后才可上岗。

Lb3F4020　使用三角带传动时维修保养的注意事项是什么？

答：注意事项主要有：

（1）安装三角胶带时，应将中心距调小后套上，不宜硬撬，并找好两轮带中心，紧度合适。

（2）三角带不可油润，不可与矿物油接触，同时避免在阳光下曝晒。

（3）对于根数较多的三角带传动，若坏了一根或几根，应同时全部更换，带长尽量相同。

（4）三角带传动必须设置防护罩、栅栏等安全防护装置。

（5）带工作一段时间后产生伸长时使张紧力减小，因此需要定期紧三角带或调整张紧装置。

Lb3F4021　叙述齿轮油泵的工作原理。

答：齿轮油泵工作原理为：当电动机驱动两个齿轮旋转时，由于吸油啮合的齿顺序退出，在吸油腔形成一个自由空间，使吸油腔容积增大，形成了局部真空。此时油腔内部的压力小于外界大气压。油液在外界大气压的作用下进入了吸油腔，随着两齿轮的旋转，各个齿间把油液送进压油腔内，由于齿轮在进入压油腔后各齿顺序啮合，把齿间的油液挤出来，获得压力能，形成油压并从压油腔压出，由两齿轮的连续旋转形成了齿轮油泵连续压油的全过程。

Lb2F3022　工作期间，工作负责人若因故离开工作地点，应做好哪些工作？

答：（1）应指定能胜任的人员临时代替，离开前应将工作现场交代清楚，并告知工作班成员。原工作负责人返回工作现场时，也应履行同样的交接手续。

（2）若工作负责人必须长期离开工作现场时，应由原工作票签发人变更工作负责人，履行变更手续，并告知全体工作人员及工作许可人。原现工作负责人应做好必要的交接。

Lb2F4023　试述贯通式翻车机卸车线的工作过程。

答：待卸的煤车在翻车机进车端前就位停稳后，机车退出重车停车线，运行人员做好解风管、排余风缓解煤车制动闸瓦等工作后，重车铁牛开始工作。

铁牛驶出牛槽，牛臂上的车钩与车列连接，当翻车机在零位时，铁牛以 0.5m/s 的速度推动车列向翻车机前进。当第一辆车进入一定坡度的坡道时，操作人员提起第一辆车与第二辆车之间车钩的钩提，铁牛的驱动装置制动，使第二辆车及以后的车辆停止前进。第一辆车以 0.5m/s 的初速度依靠惯性沿坡道溜进翻车机。当第一辆车最前面的一组轮对碰到翻车机活动平台上制动铁靴时，车辆停止。翻车机翻卸煤车，翻车机返回零位时，制动铁靴落下，活动平台上进车端的推车器将空车推出翻车机。空车溜过空车铁牛的牛槽后，空车铁牛驶出牛槽，推动空车向空车线运行一节车厢长度的距离后，空车铁牛返回牛槽。

Lb2F4024　电动机运行中温度升高、振动嗡嗡响的原因及处理方法是什么？

答：原因：

（1）负荷过大；

（2）电源电压低；

（3）动、静部分之间相碰或摩擦；

（4）轴承磨损；

（5）轴承缺油或油质老化；

（6）地脚螺丝松动；

（7）电源缺相运行。

处理：

（1）减少负荷；

（2）检查恢复正常电压供电；

（3）电动机停机检修；

（4）检修轴承；

（5）更换润滑油；

（6）紧固电动机地脚螺丝；

（7）停机检查。

Lb2F4025 卸船机启动前必须满足哪些条件，才能合上控制系统，启动设备。

答：应满足以下条件：

（1）主令开关：所有的主令开关必须处于零位。

（2）紧停按钮：所有的紧停按钮必须在正常的工作位置，没有动作。

（3）超速开关：所有超速开关必须在正常位置，没有跳闸。

（4）驱动机构操作按钮：所有操作站上的驱动机构操作按钮必须在零位。

（5）电源系统正常工作：电源系统正常工作，不存在部分电源供应跳闸故障。

Lb2F5026 试述液压电动机的工作原理。

答：从油泵输出的高压油液，经过电动机的进油口、转阀中的进油通道、阀壳和壳体上的通道进入活塞缸中，在高压油液作用下，活塞上产生一个压向曲轴上的推力，该力通过连杆传递至曲轴的偏心圆上。由于偏心圆中心和曲轴的旋转中心之间有偏心距，各推力的合力作用线又不通过曲轴的旋转中心，因此，对曲轴中心产生一个使其旋转的力矩，该力矩由曲轴的输出端输出，旋转方向为合力作用线绕曲轴中心转动的方向。与此同时，依靠十字接头带动转阀和曲轴同步转动,使高压区的活塞不断作用在曲轴的一个方向上,产生恒定的扭矩,而低压区一侧不断的排油,使电动机继续不断地运转。改变供给电动机的流量,电动机的转速随着改变,改变电动机进出油口的方向,电动机的旋转改变。

Je5F1027　减速机运行中有哪些注意事项?

答:注意事项主要有:

(1) 运行期间不要靠近或接触转动部分。

(2) 当减速箱处于异常情况时,应立即停机,查清原因。

(3) 当超过减速箱的额定出力时,不能操作。

(4) 运行期间,不能移去护栏或打开减速箱,否则飞溅的润滑油可能伤害人身。

(5) 运行期间,不要打开油口,否则,飞溅的润滑油可能伤害人身。

(6) 要反向运动时,需等机械停止,再开始反方向运行,否则会破坏设备。

(7) 运行过程中须注意减速机的轴承温度和减速机的振动情况外壳温度。

Je5F1028　在液压系统中,由溢流阀引起的压力太高或太低的原因有哪些?排除方法是什么?

答:主要原因及排除方法有:

(1) 弹簧调节不当,应重新调节。

(2) 压力表不准确,应重新校对压力表或更换合格的压力表。

(3) 锥阀与阀座接触不好,应更换锥阀。

(4) 主阀动作不良,应取下上盖检查主阀。

(5) 弹簧太软或折断,应更换弹簧。

(6) 阀座和主阀磨损或有脏物,应换阀座或清洗。

Je5F2029 斗轮机液压系统的噪声和振动是由什么原因引起的？应如何消除？

答：主要原因及处理方法有：

（1）当吸油管中有气体存在时将产生严重噪声，一方面这可能是吸油高度太大，油泵的转速太高，吸油管太细或滤油网堵塞等原因使油液不能填满油泵的吸油空间，产生空白现象；另一原因可能是吸油管密封不好，外油管外露，油面太低，使得在吸油的同时吸入大量空气。

（2）经检查上述各项均无问题，则噪声和振动可能是油泵和液压电动机质量不好所引起的，油泵和液压电动机的运动不均匀，回油现象未能很好消除，叶片或活塞卡死，都将引起器材的噪声和振动。

（3）管子细长，弯头多，又未固定，管中流速较高也会引起振动和噪声，如某一段管子有显著振动，则故障根源可能就是管道选择或安装不正确。

（4）在换向时产生振动和冲击，主要是换向速度太快，惯性能量使系统压力瞬时显著升高所致。可改善换向阀的结构或调整换向阀的节流螺钉，以适当延长换向时间。

Je5F2030 液压电动机在运行中漏油的原因及处理方法是什么？

答：原因及处理方法见表 F-1。

表 F-1   原因及处理方法

原　因	处　理　方　法
油封唇口损伤	挪动一下油封位置
轴磨损或有损伤	修轴或更换
壳体内压力过高	疏通泄油管或更换损坏零件
轴生锈	修理或更换
没有装入 O 形圈	正确地装入 O 形圈

原　　因	处 理 方 法
O 形圈有伤痕	更换
密封面有伤痕	拆下并修理
螺栓松动或损坏	拧紧或更换

Je5F2031　工作票所列人员的基本条件有哪些？

答：工作票的签发人：应是熟悉人员技术水平、熟悉设备情况、熟悉《电业安全工作规程》，并具有相关工作经验的生产领导人、技术人员或经本单位主管生产领导批准的人员。工作票签发人员名单应书面公布。

工作负责人：应是具有相关工作经验，熟悉设备情况、熟悉工作班成员工作能力和《电业安全工作规程》，经工区（所、公司）生产领导书面批准的人员。

工作许可人：应是经工区（所、公司）生产领导书面批准的有一定工作经验的运行人员或经批准的检修单位的操作人员（进行该工作任务操作及做安全措施的人员）；用户变、配电站的工作许可人应是持有有效证书的高压电工。

专责监护人：应是具有相关工作经验、熟悉设备情况和《电业安全工作规程》的人员。

Je5F3032　悬臂斗轮机启动前运行前的检查内容是什么？

答：检查内容主要有：

（1）轨道上应无障碍物，积煤要低于行走减速器底部200mm，以保证大车行走畅通。

（2）轨道接地线应牢固可靠，导电良好。

（3）检查并保证滑线与滑环接触良好，炭刷无严重磨损现象，瓷瓶无损坏现象，滑线沟内无杂物，无积煤，保持清洁。

（4）行车轨道两端挡铁应牢固、可靠。

（5）夹轨器应良好，禁止在轨道连接处停夹，启动前夹轨器应松开。

（6）电动机、减速机、油泵、液压电动机、各部滚筒地脚螺丝和靠背轮螺丝应齐全，不松动，各防护罩完好。

（7）行走减速器、变幅减速器油位应符合要求。

（8）皮带应无裂口、伤痕，胶接头应完好，上下应无积煤和杂物，拉紧装置应完好灵活。

（9）检查液压油路系统，应无泄漏，油管接头、油泵、液压电动机端及接合面应无严重渗油。

（10）油箱油位应符合要求。

（11）各润滑通道畅通，并保持润滑油脂。

（12）俯仰变幅液压系统无异常。

（13）各行程限位开关无缺少和损坏现象，复位应灵活可靠。

（14）悬臂皮带后挡板应符合堆取料要求。

（15）中心落煤管应无阻塞和严重黏煤现象，分煤挡板应完好可靠。

（16）滚筒及清扫装置应无严重黏煤现象，分煤挡板及导煤槽挡煤皮应完好有效。

（17）斗轮无掉齿现象，螺栓无松动现象。

Je5F4033　螺旋卸煤机运行前的检查内容有哪些？

答：检查内容主要有：

（1）各种结构的连接及固定螺丝不应有任何松动，对松动的螺丝应及时拧紧。构架不应有开焊、变形及损坏现象。

（2）检查套筒滚子链应完整，链销无串动，链片无损坏，润滑应良好。

（3）行车车轮、上下挡轮轨道不应有严重磨损及歪斜，车轮与挡轮应转动灵活，螺旋支架提升自如，限位开关良好。

（4）液压推杆制动器应注意以下几个问题：

1）铰链关节处应无卡住、漏油和渗油现象，应定期观察油缸的油量和油质。

2）制动带应正确地靠贴在制动轮上，其间隙为0.8～1mm。

3）制动带中部厚度磨损减少到原来的1/2，边缘部分减少到原来的1/3时，应及时更换。

4）制动轮必须定期用煤油清洗，达到摩擦表面光滑、无油腻。

Je5F4034　工作票许可人有哪些安全职责？

答：主要职责有：

（1）工作票签发人根据工作任务的需要和计划工作期限确定工作负责人。

（2）工作票一般由工作票签发人填写，一式两份。签发时，应将工作票全部内容向工作负责人交代清楚，工作票也可由工作负责人填写，填写后交工作票签发人审核，工作票签发人对工作票的全部内容确认无误后签发，并将工作票全部内容向工作负责人详细交代。工作票应由工作负责人送交运行班长。

（3）如果几个工作班按规定填用一张总的工作票，工作负责人一栏应填入总的工作负责人姓名，各个工作负责人的姓名填在由其负责的那一项工作内容之后。

Je5F4035　转子式翻车机安全操作的注意事项有哪些？

答：注意事项主要有：

（1）翻车机平台必须在零位。

（2）推车器在下行始端。

（3）定位器必须升起。

（4）允许进车时必须发出进车信号。

（5）对于平板车和各种异型车，不能升起定位器，接到控制室通知后，才可溜放。

（6）标准车辆进入翻车机时，可按正常运行方式进行操作。

（7）在标准车辆全部进入翻车机平台后，车辆停稳，得到指挥人员可以翻车信号或到位指示灯亮，操作人员才可发出启动信号，在行翻车。

Je4F2036　输煤皮带的防火措施有哪些？

答：防火措施主要有：

（1）加强岗位责任制，在输煤皮带长时间停运时，运行人员必须坚持巡回检查，如发现问题，应及时处理，不得以任何理由擅离职守。

（2）在皮带长时间停运前，要将所有通到皮带上部的落煤管、漏煤斗和除尘用的通风管内的积煤、积粉清理干净，并不得在皮带上存煤，以防止积煤自燃起火。

（3）在输煤皮带上方进行的检修焊接工作，必须办理动火工作票，备足灭火器材和做好与皮带的隔断等防火措施。

（4）对消防水系统、器材要定期检查、试验。有缺陷的要尽快修好，投入使用，平时不准任意解列，并作为交接班的检查内容。要培训运行和检修人员熟悉消防系统、消防知识及救火的操作方法。

（5）检查一下本单位输煤皮带所使用的材料，如系采用聚酯尼龙合成纤维加强皮带的，要采取严格的防火措施。特别是燃用挥发分高的煤种时，更要引起警惕，以防重大火灾事故的发生。在电厂检修或新厂建设中，应选用阻燃的输煤皮带。在燃煤容易自燃的电厂，不宜采用易燃的皮带。

Je4F2037　带式输送机发生哪些情况时应立即停机？

答：发生下列情况时，应立即停机：

（1）电动机设备接线及就地动力箱内电气设备冒烟着火，电动机发出异音，同时转速明显下降时。

（2）电动机、减速机、滚筒及主要轴承发生机械损坏伴随不正常的响声和剧烈振动及窜轴时。

（3）皮带断裂、划破或受到严重损伤时。

（4）皮带打滑及严重跑偏不能处理时。

（5）电动机、轴承温度超过 80℃时。

（6）落煤管堵煤或消堵不成功时。

（7）发生火灾及人身事故时。

（8）工具、物料卷入滚筒或皮带异常跳动时。

（9）发现皮带上有较大铁件、雷管或其他有损皮带的危险品时。

（10）危及人身安全时。

Je4f2038　试述清仓机械推耙机的行驶操作过程。

答：1. 启动操作

（1）正常启动操作。把燃油操纵杆拉到低速，旋转启动钥匙开关至启动位置启动发动机。每次启动时间不超过 15s，若发动机未能启动，待 2min 后再启动。连续 3 次启动失败，应查明原因，待故障排除后再启动。

（2）在冷天时启动。若在 0℃以下不能正常启动，必须进行预热启动。预热分为自动预热和手动预热。

（3）自动预热启动操作。把热线开关转到自动（AUTO）位置，此时预热根据环境温度自动进行，在预热操作中热线指示灯亮。当预热完成，灯熄灭时，再启动发动机使其启动。

（4）手动预热启动操作。把热点火开关转到 I 或 II 位置，在预热操作中灯亮。当完成预热后，松开开关，开关将自动返回。若在 I 位置，它将返回到（AUTO）位置。若在 II 位置，它将返回到 OFF 位置。当预热完成时，再启动发动机使其启动。

2. 发动机启动后的检查

（1）把燃油操纵杆拉到"中间"位置，并且在空载下发动机运转 5min 左右。

（2）在升温运转完成后，检查仪表指针是否在正常位置。检查排气颜色、噪声或振动有无异常。

3. 推耙机的行驶操作

（1）把停车杆抬起至于"释放"位置。

（2）把推刀操纵杆的安全杆抬起至于"释放"位置。

（3）把档位杆放到"低速"位置。

（4）将推刀提离地面 400～500mm。

（5）鸣响喇叭，将方向杆放到前进或后退位置，开始行驶。

（6）把档位杆放到需要的位置，进行加速。

4. 前进和后退之间的换挡

（1）在前进和后退之间换向时，应首先停止车辆行驶，然后改变行驶方向。

（2）把燃油杆放到低速或踩下减速踏板，使发动机降低转速。

（3）踩下制动踏板，以施加制动，后将方向杆放到中间位置，使推耙机停止行驶。

（4）把方向杆放到所需要位置（当放到后退位置时，报警器应立即发出声响以警告周围的人，并且红色倒车灯同时点亮）。

5. 推耙机的转弯操作

（1）若在前进行驶需向左或向右转时，将方向杆置左或右位置，使推耙机逐渐转弯以得到所希望的转弯半径。

（2）在后退行驶时，转弯方向与前进方向相反。

6. 推耙机的停机操作

（1）停止前，将推耙机行驶到规定的停机位置，并将推刀缓慢降到地面并保持水平。

（2）踩下制动踏板，使推耙机停止。

（3）把方向杆放到中间位置。

（4）把档位杆放在第 I 档位置。

（5）把停车杆放下至于锁紧位置。

（6）把推刀操纵杆的安全杆放下至于锁紧位置。

Je4f2039　试述皮带机驱动装置的特点。

答：皮带机驱动装置由电动机、减速器、传动滚联轴器等组成。

（1）电动机。由于运行环境条件差，输送系统的带式输送机一般采用封闭鼠笼式异步电动机。

鼠笼式电动机具有结构简单，运行安全可靠，启动设备简单，可直接启动等优点，因而得到广泛应用。但鼠笼式电动机有启动电流大（一般为额定电流的 5～10 倍）、不能调整转速、启动力矩较小等缺点，因此不适用于频繁及经常在满负荷下启动的设备。

（2）减速器是电动机和传动滚筒之间的变速机构，作用是降低转速、增大扭矩，完成传递功率的任务。

带式输送机常用的减速器为圆柱齿轮减速器。此减速器可传递一定的功率，结构紧凑，效率高，工作可靠，使用寿命长，维护量小。

Je4F2040　检修设备试运应执行哪些程序？

答：主要执行的程序有：

（1）对需要经过试运检验施工质量后才能交工的工作，或工作中间需要启动检修设备时，如不影响其他工作班组安全措施范围的变动，工作负责人在试运前应将全体工作人员撤至安全地点，然后将所持工作票交工作许可人。

（2）工作许可人认为可以进行试运时，应将试运设备检修工作票有关安全措施撤除，检查工作人员确已撤出检修现场后，联系恢复送电，在确认不影响其他作业班组安全的情况下，进行试运。

（3）试运后尚需工作时，工作许可人按工作票要求重新布置安全措施，并会同工作负责人重新履行工作许可手续后，工作负责人才可通知工作人员继续进行工作。

（4）如果试运后，工作需要改变原工作票安全措施范围时，应重新签发新的工作票。

Je4f3041 做好输煤系统消防工作应注意哪些内容？

答：应注意的内容有：

（1）输煤系统现场、办公室、检修间、备品工具间、转运站、集控室、配电室、煤仓间、推煤机库和煤场周围等均应设有一定数量的消防器材（灭火器、消火栓、消除水带、消防水枪等），并有专人负责保管，定期检查，不得损坏。

（2）煤场应有良好的照明、排水沟和畅通的消防车辆的通道。煤场周围不得堆放易燃物品，推煤机、斗轮机等用油应有专人负责，加强管理，不得乱堆乱放。

（3）应注意观察煤堆温度，最高不得超过 60℃，否则要立即采取防燃措施。

（4）发现煤堆自燃时，应设法冷却，及时用掉。

（5）煤粉飞扬的场所，应装防爆或密闭式的电气设备（如照明、隔离开关、断路器和电动机等），以防冒火花引起火灾。现场动明火时，应做好防火措施。

（6）使用电火焊时，周围不得有可燃、易燃物品，防止火星飞溅起火，氧气瓶、乙炔瓶应分开放在安全可靠的地方。

（7）检修现场所用的临时电源应安装可靠，用完后应及时拆除。电动工具用完后必须切断电源，不准几个电动工具使用一个隔离开关。

（8）电动机、照明及电热设备所用的电缆导线绝缘应良好，断路器、隔离开关、熔丝等的容量应符合负荷的要求，否则不准使用。

（9）电缆上不得积油和煤灰，应经常清除，保持清洁、干燥。

（10）不得将铜丝代替熔丝使用，以免造成线路和设备严重过载和发热。

（11）电气设备发生火灾时，应首先切断电源，用二氧化碳、干式或 1211 灭火器灭火。

Je4F3042　试述悬臂斗轮堆取料机的几种取料作业法。

答：（1）斜坡层次取料法。大车不行走，前臂架回转一个工作角度，斗轮沿料堆的自然堆积角由上至下地挖取物料，大车向后退一段距离，前臂架下降一定高度，再向反方向回转进行第二层取料，如此循环，煤堆成台阶坡形状。

（2）水平全层取料法。大车不行走，前臂架回转某一角度，取料完毕后，大车再前进一段距离，前臂架反方向回转取料，依次取完第一层，然后将大车后退到煤堆头部，使前臂架下降一定高度，再回转第二层取料，如此循环。

Je4F3043　斗轮机运行中的检查内容有哪些？

答：检查内容主要有：

（1）皮带不应跑偏，回空皮带侧不应有异物卡住或刮破皮带现象。

（2）各落煤管应不堵煤或卡住异物，尤其冬季时注意防止冻块卡堵落煤管。

（3）电动机、油泵、减速器和各轴承的温度情况及其机器的声音是否正常。

（4）每小时都要检查各液压部件是否漏油，打开压力表，检查压力是否正常，油路系统无振动及异常响声。

（5）调整臂架时，应提前 5min 启动变幅油泵。

（6）因大臂回转机构在启动时抖动较大，回转过程中不许进行大车快速行走调整。

（7）根据煤场储煤情况及切削高度，及时调整大臂角度。斗轮卡住时，还可以回转大臂，以免损坏设备。

（8）斗轮挖煤不超过规定深度。

（9）回转、俯仰角度不得超过规定。

Je4F3044　试述液压系统使用、维护的一般注意事项。

答：注意事项主要有：

（1）液压油箱的油面应经常保持正常。

（2）液压油应保持整洁，补油时应通过 120 目以上的滤油器。

（3）系统工作的油温不能超过 60℃。

（4）启动前回油管的空气必须清除。

（5）初次启动油泵时，应检查泵的转向是否正确，并向泵内灌满油。

（6）油泵启动和停止时，应使溢流阀卸荷（溢流阀调定压力不能超过系统最高压力）。

（7）应保持电磁阀的动作正常。

Je4F4045　试述皮带机常用拉紧装置的作用和种类。

答：输送机拉紧装置的作用是：保证胶带具有足够的张力，使滚筒与胶带之间产生所需要的摩擦力，并限制胶带在各支承托辊间的垂度，使带式输送机能正常运行。

常用的拉紧装置有重锤和螺旋拉紧装置。

（1）采用螺旋拉紧装置时，输送带靠两根螺杆拉紧。转动螺杆时，张紧滚筒轴承座便产生一定的位移。螺旋拉紧装置的行程较短，同时又不能保证恒张力，一般使用与距离较短（小于 50m）、功率小的输送机，其拉紧行程可按机长的 1% 选取。

（2）重锤拉紧装置能经常保持输送带的均匀张力，因为浮动的重块可以根据运行情况自动调整。这种拉紧装置有较大的拉紧行程，一般用在较长的带式输送机上。

重锤拉紧装置可分为车式拉紧装置和垂直拉紧装置。车式拉紧装置中，张紧滚筒（即尾部滚筒）安装在小车上，重锤通过钢丝绳和导向滑轮拽拉小车沿输送机纵向移动。

垂直拉紧装置由两个改向滚筒和一个张紧滚筒组成，可以安装在输送机回空胶带的任何位置，张紧滚筒及活动框架可一起沿垂直导轨移动。

Je4F4046　试述皮带清扫器的作用及特点。

答：皮带输送机在运行过程中，细小煤粒往往会黏结在胶带上。黏结在胶带工作面上的小颗粒煤，通过胶带传给下托辊和改向滚筒，在滚筒上形成一层牢固的煤层，使得滚筒外形发生改变。胶带上的煤撒落到回空的胶带上而黏结于张紧滚筒表面，甚至在传动滚筒上也会黏结。这些现象将引起胶带偏斜，影响张力分布均匀，导致胶带跑偏和损坏。同时由于胶带沿托辊的滑动性能变差，运动阻力增大，驱动装置的能耗也相应增加，因此在皮带输送机安装清扫装置是十分必要的。

（1）主要使用安装在头部的弹簧清扫器是利用弹簧压紧刮煤板把胶带上的煤刮下的一种装置。刮板的工作件是用胶带或工业橡胶板做的一个板条，通常与胶带一样宽，用扁钢或钢板夹紧，通过弹簧压紧在胶带工作面上。

（2）空段清扫器装于尾部滚筒前，用以清扫胶带非工作面上的黏煤。

（3）以花纹带做输送带的带式输送机，其清扫装置一般采用转刷式清扫器。此清扫器由电动机、皮带轮、尼龙转刷和一个框架组成。转刷式清扫器装在卸料滚筒下部，转刷应与输送带表面压紧，其压紧行程通过调节板调节，转刷旋转方向与下输送带的运动方向相反。

Je4F4047　论述燃煤掺配的意义。

答：由于购进电厂的煤种比较复杂，因此合理掺配是十分重要的工作。它是确保锅炉经济安全运行的一项重要措施。选用何种煤质指标作为掺配依据，要结合本厂锅炉的设计要求。一般，混煤的煤质特性可按参与混煤的各种煤质特性用加权平均的办法得出。这是因为煤中灰分或发热量、挥发分等在混煤的过程中不会发生"交联"作用，而有很好的加成性，从而可以满足锅炉的正常燃烧。

Je3F2048　试述螺旋卸煤机的卸车过程。

答：机车或其他牵车设备将重车送至缝隙煤槽上方，摘钩后机车退出重车线，人工将敞车侧门全部打开后退出。螺旋卸煤机操作人员在操作室接通大车电源，松闸、启动，将螺旋卸煤机开至进车端敞车的末端。操作人员启动螺旋升降机构电动机和螺旋回转机构电动机，螺旋开始卸煤，启动大车行走机构电动机，大车沿车的长度方向移动。螺旋卸煤时不能"啃"敞车车底，一般需要留 10mm 左右厚的煤层，用以保护车底。当螺旋卸完一节车时，启动螺旋升降机构电动机，将螺旋提起，越过敞车顶帮，开动大车，开始第二辆车的卸煤作业。

螺旋卸煤机卸煤需有辅助人工配合，开车门、清扫剩余煤、关车门等工作是离不开手工操作的。因此，这种卸车专门机械，只是在一定程度上提高了生产效率，减轻了工人的劳动强度。

Je3F3049　液压系统油液的温升过高是什么原因引起的？如何消除？

答：调整方法、系统压力、油泵及油箱的容量以及卸荷方式都直接影响油液的温升。增加散热面积，加大油箱容积和避免大量油液在高压下溢回油箱或通过小孔是减小发热的主要方法，使用时调整压力、载荷情况以及周围环境的散热条件，也将影响油液温升，在气温较高的地区和季节经常出现这类故障，可采用循环水等人工冷却方法降低油箱中的油液温度。

Je3F3050　输煤皮带机在什么情况，应立即停机？

答：在下列情况应立即停机：

（1）设备系统发生火灾。

（2）发生严重威胁人身及设备安全。

（3）电动机缺相运行，风扇叶片断裂、超载或其他原因造成的声音异常、冒烟、温度超过 80℃。

（4）电动机及转动机械剧烈振动，轴向窜动严重，与其他杂物摩擦撞击无法消除（1500r/min 的振动不超过 0.085mm）。

（5）减速箱严重缺油、漏油、温度超过 70℃，机内有严重杂音。

（6）任何轴承有异常声音、冒烟、温度超过 80℃。

（7）输煤皮带由于跑偏保护失灵造成的严重跑偏，大量撒煤，经调整无效。

（8）输煤皮带撕破、断裂、脱胶。

（9）输煤皮带严重打滑和磨损、发热、冒烟，有严重的胶皮气味。

（10）落煤管堵塞。

（11）输煤皮带的煤层中发现雷管或有大的石块和木块，或有铁件。

（12）冲水管漏造成的水大量喷向运行中输煤皮带。

Je3F4051　试述输煤皮带各种保护的作用。

答：（1）拉绳开关。当输送机的全长区域内任何位置发生故障，操作人员在输送带任何部位拉动拉绳，均可使其动作，使设备停止运行，有效避免事故的扩大。

（2）跑偏开关。主要作用是防止带式输送机的输送带因过量跑偏而发生事故，同时可避免因重跑偏而撒煤。

（3）速度检测装置。用来检测输送机的运行情况。当带速小于一般设定值时，便发出报警信号，当小于最低设定值时，便自动停机，可有效地预防堵煤发生。

（4）撕裂装置。可有效地避免胶带撕裂事故的扩大。

（5）堵煤信号。及时发现堵煤，防止设备损坏。

（6）高低煤位信号。它为实现自动配煤起到重要的作用，一般通过报警提示。

Je3F5052　试述皮带机就地启停操作的注意事项。

答：注意事项主要有：

（1）正常情况下，带式输送机由集控室操作，无特殊情况严禁带负荷停机；带负荷启动或检修后试运时，就地启停必须经集控室同意后方可进行。

（2）凡是带负荷启动带式输送机，必须确认流程前进方向的设备都已正常运行。

（3）带负荷启动时，要注意观察主动滚筒与胶带接触面是否打滑，如发现因胶带打滑摩擦使胶带冒烟，应停机减负荷启动。

（4）在正常情况下，电动机冷态可以连续启动 2 次，其间隔时间不少于 5min；热态下启动一次，如需要再次启动，应待冷却 0.5h 以后方可进行。

（5）整个系统启动时，各条带式输送机应按逆煤流方向顺序依次启动；停机时，按顺煤流方向依次停机。

（6）带式输送机完全停止后，才能停止除铁器和除尘器运行，并把除铁器开到指定位置，而后恢复备用状态。

Je2F3053　螺旋卸煤机的操作注意事项有哪些？

答：操作注意事项主要有：

（1）司机在操作前应首先检查各操作把手是否在零位，而且各按钮无卡涩现象。

（2）螺旋在进入煤车前，车厢门必须已经打开，而且两侧无人。

（3）螺旋接触煤区前，应先转动螺旋，注意不要超出车帮、顶车底，最好车底能留 100mm 的煤保护层。

（4）注意煤种变化和螺旋吃煤深度，避免超载，损坏机件。

（5）螺旋吃上煤层时应慢速下降，不能使用快的大车行走速度卸车。

（6）螺旋在煤层中发生蹦跳现象时，应立即停止走车，提升螺旋，检查煤中是否有大石块、木块、铁块等杂物。

（7）提升或大车行走不得依赖限位开关，卸完车后，提升螺旋至最高处，将卸煤机开到指定地点。

Je2F4054 试述运行中胶带机电流增大且异常摆动的原因及处理方法。

答：原因：

（1）胶带跑偏，阻力增加。

（2）胶带过载。

（3）胶带打滑，此时电流摆动幅度大。

（4）胶带张力不足，拉紧装置故障，摩擦力发生变化。

（5）胶带纵向撕裂，致使胶带突然受阻，电流增大。

（6）回程胶带有煤，使拉紧滚筒黏煤，造成拉紧装置脱出滑轨，电流增大。

（7）驱动、转动、传动部分故障，电流剧增。

处理：

（1）通知就地值班员检查处理，若就地值班员调整不过来，电流仍继续增大时，应立即停止该机以前的所有设备，进行空载调整，若调整不过来，应停止设备运行，通知检修处理。

（2）减少上煤量，必要时可停止煤源设备运行。

Je2f5055 调整胶带跑偏有哪几种方法？

答：主要方法有：

（1）在头部附近跑偏，调整传动滚筒的方向，调整螺丝钉用螺母锁紧。

（2）在尾部附近跑偏，调整尾部改向滚筒，调整好后将轴承座处的定位块焊死。

（3）在中部跑偏，调整上托辊机架，将螺丝松开，按要求方向移动，当一组不能满足要求时，可连续调整几组。

（4）垂直拉紧滚筒处，可通过调整配重来进行调整。

（5）在上述办法仍不能消除跑偏时，检查胶带接头是否垂直。

技能操作试题

4.2.1　单项操作

行业：电力工程　　　工种：卸储煤值班员　　　等级：初

编　　号	C05A001	行为领域	f	鉴定范围	1
考核时限	15min	题　型	A	题　分	20
试题正文	心肺复苏救护法				
需要说明的问题和要　　求	1. 要求单独进行操作处理 2. 现场就地操作演示 3. 要文明操作演示				
工具、材料、设备、场地	人体模型				

	序号	项　目　名　称	满分
评分标准	1 1.1	现象 伤员呼吸和心跳均停止	
	2 2.1	处理 畅通气道。用一只手放在触电者前额，另一只手的手指将其下颌骨向上抬起，两只手协同将头部推向后仰，舌根随之抬起，气道即可畅通	5
	2.2	口对口（鼻）人工呼吸。用放在伤员额头上的手指捏住伤员鼻翼，救护人员深吸气后，与伤员口对口紧合，连续大口吹气两次1～1.5s。此后正常口对口呼吸，吹气量不应过大。伤员如牙关紧闭，可口对鼻人工呼吸，要将伤员嘴唇紧闭，防止漏气	5
	2.3	胸外按压。右手的食指和中指并齐，中指放在胸骨剑突底部，食指放在胸骨下部，另一只手的掌根紧挨食指上缘。此髋关节为支点利用上身的重力垂直将正常成人胸骨压陷 3～5cm，压至要求程度后，放松但掌根不离开胸壁。胸外按压要以均匀速度进行，每80次/min左右，每次按压时间和放松时间相等	10
	质量要求	按《电业安全工作规程》以下简称《安规》规定执行	
	得分与扣分	方法不正确扣5分，动作不规范扣5分	

行业：电力工程　　　　工种：卸储煤值班员　　　等级：初

编　　号	C05A002	行为领域	f	鉴定范围	1
考核时限	10min	题　　型	A	题　　分	20
试题正文	消防水系统的就地手动操作				
需要说明的问题和要　　求	1. 要求单独进行操作处理 2. 不得碰触其他设备 3. 如危及安全生产，应停止演示				
工具、材料、设备、场地	现场实际设备				

	序号	项　目　名　称	满分
评 分 标 准	1	将来水侧主管路控制主阀门就地打开，进行管路充水	10
	2	主管路充水后，在控制盘上将分管路的电动蝶阀打开，进行充水	10
	质量 要求	严格执行《安规》有关规定，充水时间应不小于 2min，操作顺序不准颠倒	
	得分与 扣分	每缺 1 项扣 10 分	

行业：电力工程　　　　工种：卸储煤值班员　　　　等级：初

编　号	C05A003	行为领域	f	鉴定范围	1
考核时限	10min	题　型	A	题　分	20
试题正文	呈流淌状液体，起火燃烧的扑救				
需要说明的问题和要　　求	1. 要求单独处理 2. 模拟火场应设在可动火区 3. 现场备用足够的消防器材				
工具、材料、设备、场地	模拟火场				

	序号	项　目　名　称	满分
评 分 标 准	1	现象	
	1.1	呈流淌状液体起火	
	1.2	模拟火场风力4级	
	2	处理	
	2.1	手提或肩扛灭火器快速奔向火场	5
	2.2	在距燃烧处5m左右放下灭火器	5
	2.3	观察风向应选择上风向为喷射点	5
	2.4	拨下保险销按下压把，当干粉喷出后迅速对准火焰根部由远而近，左右扫射，直至火焰全部扑灭	5
	质量要求	喷射点选择在上风向，规范操作，确保安全	
	得分与扣分	每错1项扣5分	

216

行业：电力工程　　　工种：卸储煤值班员　　　　等级：初

编　　　号	C05A004	行为领域	e	鉴定范围	4
考核时限	10min	题　　型	A	题　　分	20
试题正文	钢丝绳老化的现象及更换的标准				
需要说明的问题和要　　求	1. 要求单独完成操作 2. 现场就地操作演示 3. 安全文明演示				
工具、材料、设备、场地	现场实际设备				

评分标准	序号	项　目　名　称	满分
	1	现象	
	1.1	发现钢丝绳断股打结	
	1.2	断丝数在一捻节距内超标	
	1.3	钢丝绳径向磨损大于40%	
	2	处理	
	2.1	分析打结的原因并处理	10
	2.2	判断钢丝绳损坏的程度	10
	质量要求	准确判断钢丝绳的损坏程度并提出处理意见	
	得分与扣分	1. 打结的原因分析不清楚扣5分 2. 判断钢丝绳损坏程度不准确扣10分 3. 没提出处理意见扣5分	

行业：电力工程　　　　工种：卸储煤值班员　　　　　等级：高

编　　号	C05A005	行为领域	e	鉴定范围	2
考核时限	10min	题　型	A	题　　分	20

试题正文	交流 380V 电动机故障的定子绝缘的测量

需要说明的问题和要　　求	1. 要求单独操作 2. 现场实际设备演示 3. 注意安全、文明演示

工具、材料、设备、场地	现场实际设备

<table>
<tr><td rowspan="9">评分标准</td><td>序号</td><td colspan="1">项　目　名　称</td><td>满分</td></tr>
<tr><td>1

1.1</td><td>现象

电动机运行中突然停机，动力电源跳闸，检查电动机有烧焦异味</td><td></td></tr>
<tr><td>2

2.1

2.2</td><td>处理

停电动机动力电源，挂禁止合闸牌；检查断路器、电缆、电动机

选择 500V 绝缘电阻测量电动机定子三相绝缘电阻；判断电动机故障原因</td><td>

10

10</td></tr>
<tr><td>质量要求</td><td>必须先停电，正确选用绝缘电阻表，迅速判断电动机故障点</td><td></td></tr>
<tr><td>得分与扣分</td><td>每缺 1 项扣 10 分，误操作不得分</td><td></td></tr>
</table>

行业：电力工程　　　　工种：卸储煤值班员　　　　等级：初

编　号	C05A006	行为领域	e	鉴定范围	4
考核时限	10min	题　型	A	题　分	20
试题正文	电动机缺相运行的判断及处理				
需要说明的问题和要　求	1. 要求独立操作 2. 现场实际设备演示 3. 注意安全、文明演示				
工具、材料、设备、场地	振动仪、测温仪				

	序号	项　目　名　称	满分
评分标准	1	现象	
	1.1	启动时电动机只响不转	
	1.2	出现周期性振动	
	1.3	运行时声音突变	
	1.4	外壳温度升高	
	1.5	电流指示升高或到零	
	2	处理	
	2.1	立即停机，进行故障判断	10
	2.2	向上级汇报，做好现场措施	5
	2.3	做好值班记录	5
	质量要求	处理问题要果断迅速，防止事故扩大	
	得分与扣分	判断不准确扣5分，处理不果断扣5分，其他缺1项扣5分	

行业：电力工程　　　工种：卸储煤值班员　　　等级：初

编　　号	C05A007	行为领域	e	鉴定范围	2
考核时限	15min	题　型	A	题　分	20
试题正文	输煤皮带运行中打滑的处理				
需要说明的问题和要　　求	1. 要求独立操作 2. 现场实际设备演示 3. 注意安全，文明演示				
工具、材料、设备、场地	现场实际设备				

	序号	项　目　名　称	满分
评分标准	1	现象	
	1.1	皮带机速度明显变慢，测速器显示低于正常速度	
	1.2	尾部导料槽有快速积煤现象	
	1.3	前级落煤管发生堵煤	
	2	处理	
	2.1	检查拉紧装置是否松动，并调整张力	5
	2.2	清除水和其他杂物	10
	2.3	运煤量过大超载，减少给煤量	5
	质量要求	要求按规定完成每个步骤，顺序不得颠倒	
	得分与扣分	每缺1步扣5分	

220

行业：电力工程　　　工种：卸储煤值班员　　　等级：初

编　号	C05A008	行为领域	e	鉴定范围	4
考核时限	10min	题　型	A	题　分	20
试题正文	落煤管堵煤的处理				
需要说明的问题和要求	1. 要求独立操作 2. 现场设备演示 3. 注意安全，文明演示				
工具、材料、设备、场地	现场实际设备				

	序号	项　目　名　称	满分
评分标准	1 1.1	现象 落煤斗溢出煤；后方皮带速度减慢	
	2 2.1 2.2 2.3	处理 立即拉停落煤管上下方皮带机 停机清除落煤管积煤、杂物 改用干煤或通知检修处理后方速度变慢的皮带机	5 5 10
	质量要求	要求迅速拉停皮带机，及时汇报班长，组织清煤，做好记录	
	得分与扣分	没有立即拉停皮带机扣5分，没有检查汇报扣10分，记录不详细扣5分	

行业：电力工程　　　　工种：卸储煤值班员　　　　等级：初

编　号	C05A009	行为领域	e	鉴定范围	4
考核时限	10min	题　型	A	题　分	20

试题正文	电动机温度升高故障的处理

需要说明的问题和要求	1. 要求独立操作 2. 利用现场设备进行演示 3. 注意安全，文明演示

工具、材料、设备、场地	现场实际设备

	序号	项　目　名　称	满分
评分标准	1 1.1	现象 电动机运行时温度较高，温度测量超过 85℃	
	2 2.1 2.2 2.3	处理 立即停止电动机运行 判断分析原因，汇报上级，联系电气检修人员对电动机检查 详细做好记录	10 5 5
	质量要求	停止运行，做好记录	
	得分与扣分	未能准确判断扣 5 分，未及时停机扣 10 分，记录不详细扣 5 分，联系不及时扣 5 分	

222

行业：电力工程   工种：卸储煤值班员   等级：初

编　　号	C05A010	行为领域	e	鉴定范围	4
考核时限	15min	题　　型	A	题　　分	20
试题正文	推煤机主离合器油泵声音异常的处理				
需要说明的问题和要求	1. 要求独立操作 2. 现场设备演示 3. 注意安全，文明演示				
工具、材料、设备、场地	现场实际设备				

	序号	项　目　名　称	满分
评分标准	1 1.1 1.2	现象 内部磨损 吸入空气	
	2 2.1 2.2	处理 清理吸油口滤网 通知检修人员修理或更换	 10 10
	质量要求	要求判断正确、处理及时	
	得分与扣分	每少 1 项扣 10 分	

行业：电力工程　　　　工种：卸储煤值班员　　　　等级：中

编　号	C04A011	行为领域	e	鉴定范围	2
考核时限	10min	题　型	A	题　分	20

试题正文	斗轮机悬臂皮带工作中拉断的运行处理

需要说明 的问题和 要　　求	1. 要求单独进行处理 2. 模拟现场实际过程 3. 要注意安全，文明演示

工具、材料、 设备、场地	现场实际设备

	序号	项　目　名　称	满分
评 分 标 准	1 1.1	现象 斗轮机工作时悬臂皮带拉断	
	2 2.1 2.2 2.3	处理 立即停止悬臂皮带的运行 查看现场，通知班长和有关人员 做好值班记录	10 5 5
	质量 要求	1. 行动迅速准确 2. 汇报清楚准确 3. 记录详细准确	
	得分与 扣分	不停皮带扣 10 分，汇报不清扣 5 分，记录不详细扣 5 分	

行业：电力工程　　　　工种：卸储煤值班员　　　　等级：中

编　号	C04A012	行为领域	e	鉴定范围	2
考核时限	10min	题　型	A	题　分	20
试题正文	斗轮机运行中轮斗突然停止的处理				
需要说明的问题和要　求	1. 要求单独进行处理 2. 模拟现场实际过程 3. 要注意安全，文明演示				
工具、材料、设备、场地	现场实际设备				

	序号	项 目 名 称	满分
评分标准	1	现象	
	1.1	油泵还在运行，斗轮停运	
	2	处理	
	2.1	检查斗轮下部是否有大煤块杂物卡住	10
	2.2	斗轮吃煤过深，使溢流阀溢油，有过载现象	5
	2.3	通知检修人员处理，并做好记录	5
	质量要求	1. 行动迅速准确 2. 汇报清楚准确 3. 记录详细准确	
	得分与扣分	不停轮斗扣 10 分，检查汇报不清扣 5 分，记录不详细扣 5 分	

行业：电力工程　　　　工种：卸储煤值班员　　　　等级：中

编　号	C04A013	行为领域	e	鉴定范围	2
考核时限	20min	题　型	A	题　分	20

试题正文	卸船机抓斗上升自停，自动张开故障的处理

需要说明的问题和要　求	1. 现场设备演示 2. 要求独立处理 3. 做到安全，文明演示

工具、材料、设备、场地	现场实际设备

评分标准	序号	项　目　名　称	满分
	1	现象	
	1.1	开闭制动器烧坏	
	1.2	电气故障	
	2	处理	
	2.1	快速将抓斗行至料斗上方	5
	2.2	切断小车电源	5
	2.3	对制动轮检查测定	5
	2.4	通知电气人员查找故障	5
	质量要求	要求判断准确，措施果断，分析问题正确	
	得分与扣分	每缺1项扣5分	

行业：电力工程　　　　工种：卸储煤值班员　　　　等级：中

编　　号	C04A014	行为领域	e	鉴定范围	2
考核时限	10min	题　型	A	题　分	20
试题正文	电动机启动时只响不转的处理				
需要说明的问题和要　　求	1. 要求独立操作 2. 利用现场设备演示 3. 做到安全，文明演示				
工具、材料、设备、场地	现场实际设备				

	序号	项　目　名　称	满分
评 分 标 准	1 1.1	现象 电动机启动时嗡嗡响，但不转动	
	2 2.1 2.2 2.3 2.4	处理 立即停机 通知电气人员检查电源是否缺相 通知电气人员检查定子是否断相 做好值班记录	 5 5 5 5
	质量要求	拉开电动机开关时要迅速准确，记录要列详细	
	得分与扣分	每缺1项扣5分	

行业：电力工程　　　　工种：卸储煤值班员　　　　等级：中

编　号	C04A015	行为领域	e	鉴定范围	2
考核时限	20min	题　型	A	题　分	20
试题正文	卸船机抓斗下降时突然下冲的处理				
需要说明的问题和要求	1. 要求独立操作 2. 现场就地操作 3. 做到安全，文明演示				
工具、材料、设备、场地	现场实际设备				

	序号	项　目　名　称	满分
评分标准	1	现象	
	1.1	控制失灵，使液压刹车在张开状态(主令"零"位不能刹住)	
	1.2	制动刹车架卡死、歪斜或刹车片磨损过度	
	2	处理	
	2.1	司机设法将抓斗落至船仓煤堆，主令控制器拉至"零"位	10
	2.2	汇报班长通知检修处理	10
	质量要求	心理状况良好，应急能力强，能安全将抓斗降下	
	得分与扣分	操作不正确扣10分，无汇报联系扣10分	

编　　号	C04A016	行为领域	e	鉴定范围	1
考核时限	30min	题　　型	A	题　　分	20

试题正文	螺旋卸煤机卸煤操作

需要说明 的问题和 要　　求	1. 要求独立操作 2. 不能触及其他设备 3. 注意安全，文明操作

工具、材料、 设备、场地	现场实际设备

评 分 标 准	序号	项　目　名　称	满分
	1	条件	
	1.1	重车已对位，具备卸煤条件	
	1.2	螺旋卸煤机工作正常	
	2	操作	
	2.1	登上螺旋卸煤机对设备进行外观检查	3
	2.2	进入驾驶室检查闭锁装置是否好用	3
	2.3	对螺旋卸煤机进行所有动作的空载试运	4
	2.4	试运正常后进行卸煤，卸煤应严格按照本厂颁布《运行规程》操作	4
	2.5	卸煤结束后将叶片升起	3
	2.6	离开驾驶室工作结束，将驾驶室上锁	3
	质量 要求	应进行必要的检查，并应严格按照本厂颁布《运行规程》进行卸煤	
	得分与 扣分	每缺1项扣除此项的分值	

行业：电力工程　　　　工种：卸储煤值班员　　　　等级：中

编　　号	C04A017	行为领域	e	鉴定范围	2
考核时限	20min	题　型	A	题　　分	20
试题正文	钢丝绳大滑轮有异音故障的处理				
需要说明的问题和要　　求	1. 要求独立操作 2. 现场实际设备演示 3. 做到安全，文明演示				
工具、材料、设备、场地	现场实际设备				

	序号	项　目　名　称	满分
评 分 标 准	1 1.1 1.2 1.3	现象 滑轮槽磨损不均匀 滑轮心轴磨损 滑轮转不动	
	2 2.1 2.2 2.3	处理 加强轴承的润滑维护 通知检修人员检查滑轮 通知检修更换轴承和心轴	10 5 5
	质量要求	正确判断损坏位置	
	得分与扣分	不能进行简单维护的扣5分	

230

编　　号	C04A018	行为领域	e	鉴定范围	2
考核时限	10min	题　型	A	题　　分	20
试题正文	从动滚筒不转的故障处理				
需要说明的问题和要　　求	1. 要求独立操作 2. 现场实际设备演示 3. 注意安全，文明演示				
工具、材料、设备、场地	现场实际设备				

	序号	项　目　名　称	满分
评 分 标 准	1	现象	
	1.1	滚筒被杂物卡住	
	1.2	轴承损坏	
	2	处理	
	2.1	汇报班长，待皮带上煤走完后，再停机，检查滚筒，清理 杂物	10
	2.2	通知检修人员处理，并做记录	10
	质量 要求	要求判断果断迅速，避免事故扩大	
	得分与 扣分	每缺 1 项扣 10 分	

231

行业：电力工程　　　　工种：卸储煤值班员　　　　等级：中

编　　号	C04A019	行为领域	e	鉴定范围	2
考核时限	15min	题　型	A	题　分	20
试题正文	液力推动器不动作的故障处理				
需要说明的问题和要　　求	1. 要求独立操作 2. 现场实际设备演示 3. 注意安全，文明演示				
工具、材料、设备、场地	现场实际设备				

	序号	项　目　名　称	满分
评 分 标 准	1	现象	
	1.1	油液使用不当	
	1.2	推动器缺油	
	1.3	液力推动器电动机不转	
	2	处理	
	2.1	根据工作环境选择相应的液压油	5
	2.2	给推动器补油	10
	2.3	通知电气人员检修液力推动器电动机	5
	质量要求	要求能够根据环境选择合适的液压油	
	得分与扣分	1. 选择液压油不对的扣 5 分 2. 未判断电动机故障扣 5 分，未通知检修处理扣 5 分，未做记录扣 5 分	

行业：电力工程　　　　工种：卸储煤值班员　　　　等级：中

编　号	C04A020	行为领域	e	鉴定范围	2
考核时限	15min	题　型	A	题　分	20
试题正文	液力耦合器达不到额定转速的故障处理				
需要说明的问题和要　　求	1. 要求独立操作 2. 现场实际设备演示 3. 注意安全，文明演示				
工具、材料、设备、场地	现场实际设备				

	序号	项　目　名　称	满分
评 分 标 准	1 1.1	现象 减速机或皮带机转速变慢	
	2 2.1 2.2 2.3	处理 检查排除制动故障，控制减少煤流量 检查油量，若过少则加油 检查密封填料及轴端是否漏油，通知检修处理	 5 10 5
	质量要求	要求能够根据现场实际情况准确判断故障原因	
	得分与扣分	无检查故障原因不清楚扣 10 分；无汇报联系和记录扣 10 分	

编　号	C04A021	行为领域	e	鉴定范围	1
考核时限	10min	题　型	A	题　分	20
试题正文	斗轮机悬臂驱动皮带滚筒轴承温度升高的处理				
需要说明的问题和要　求	1. 要求独立操作 2. 现场实际设备进行演示 3. 注意安全，文明演示				
工具、材料、设备、场地	现场实际设备				

	序号	项　目　名　称	满分
评分标准	1 1.1	现象 皮带运行中滚筒轴承温度升高或声音异常	
	2 2.1 2.2	处理 立即停止皮带运行，检查滚筒 根据轴承座的声音及温度，把信息反馈给检修人员进行检查处理	10 10
	质量要求	要求准确的向检修人员反映现场的实际情况	
	得分与扣分	每缺1项扣10分	

编　号	C03A022	行为领域	e	鉴定范围	3
考核时限	20min	题　型	A	题　分	20
试题正文	液压油产生泡沫的处理				
需要说明的问题和要求	1. 要求独立操作处理 2. 现场就地文明演示 3. 注意安全，文明演示				
工具、材料、设备、场地	现场实际设备				

	序号	项　目　名　称	满分
评分标准	1	现象	
	1.1	油箱内油位过低	
	1.2	油路内有空气	
	2	处理	
	2.1	加油到规定位置	10
	2.2	打开空气门排除空气	10
	质量要求	应多次打开空气门进行排气，以便把系统中的空气排净	
	得分与扣分	系统中空气未排净扣10分	

行业：电力工程　　　　工种：卸储煤值班员　　　　等级：高

编　号	C03A023	行为领域	e	鉴定范围	考核时限
20min	题　型	A	题　分	20	

试题正文	液压系统油温上升的处理

需要说明的问题和要求	1. 要求独立操作处理 2. 现场就地文明演示 3. 注意安全，文明演示

工具、材料、设备、场地	现场实际设备

	序号	项 目 名 称	满分
评分标准	1	现象	
	1.1	液压油的黏度大	
	1.2	受外界气温影响	
	1.3	油路振动	
	2	处理	
	2.1	更换合适标号的液压油	6
	2.2	投入冷却器进行冷却	6
	2.3	检查油路是否有异常，必要时通知检修人员处理	8
	质量要求	要求合理选择液压油的标号	
	得分与扣分	油的标号选择不正确扣6分	

行业：电力工程　　　　工种：卸储煤值班员　　　　等级：高

编　号	C03A024	行为领域	e	鉴定范围	3
考核时限	15min	题　型	A	题　分	20
试题正文	液力耦合器运行中不平稳的处理				
需要说明的问题和要　求	1. 要求独立处理 2. 现场就地演示，不得触及其他运行设备 3. 注意安全，文明操作演示				
工具、材料、设备、场地	现场实际设备				

	序号	项　目　名　称	满分
评分标准	1	现象	
	1.1	安装不当，不对中	
	1.2	轴承损坏	
	1.3	电动机或减速机地脚螺栓松动	
	2	处理	
	2.1	通知检修，对各部从新找正	5
	2.2	根据噪声判断轴承是否损坏，如损坏通知检修人员检修耦合器	5
	2.3	紧固电动机或减速机的地脚螺栓	10
	质量要求	要求正确判断故障，能够判断轴承是否损坏	
	得分与扣分	不能简单的处理故障扣10分	

行业：电力工程　　　　工种：卸储煤值班员　　　　等级：高

编　号	C03A025	行为领域	e	鉴定范围	3
考核时限	20min	题　型	A	题　分	20
试题正文	推煤机冒白烟的处理				
需要说明的问题和要　　求	1. 要求独立处理 2. 现场实际设备演示 3. 做到安全，文明演示				
工具、材料、设备、场地	现场实际设备				

	序号	项　目　名　称	满分
评 分 标 准	1	现象	
	1.1	机温过低	
	1.2	柴油中含水	
	1.3	雾化太差	
	2	处理	
	2.1	带负荷运行一段时间	5
	2.2	清理油箱和油路	7
	2.3	更换喷油嘴	8
	质量要求	要求运行人员独立完成	
	得分与扣分	不能独立更换油嘴扣8分	

238

编　号	C03A026	行为领域	e	鉴定范围	3
考核时限	30min	题　型	A	题　分	20
试题正文	即使接通推煤机启动电动机开关启动电动机也不转的处理				
需要说明的问题和要求	1. 现场实际操作 2. 要求独立完成 3. 做到安全，文明演示				
工具、材料、设备、场地	现场推煤机、场地				

	序号	项　目　名　称	满分
评分标准	1	现象	
	1.1	电气线路故障	
	1.2	启动开关接触不良	
	1.3	蓄电池电量不足	
	1.4	蓄电池开关不良	
	1.5	启动电动机烧坏	
	2	处理	
	2.1	检查修复电气线路	3
	2.2	更换启动开关	5
	2.3	给蓄电池充电或更换新的蓄电池	2
	2.4	检修或更换开关	5
	2.5	更好启动电动机	5
	质量要求	要求判断故障准确迅速	
	得分与扣分	每漏掉1项扣除本项的分值	

行业：电力工程　　　　工种：卸储煤值班员　　　　等级：高

编　号	C03A027	行为领域	e	鉴定范围	3
考核时限	30min	题　型	A	题　分	20
试题正文	减速机振动大，温度高，声音异常				
需要说明的问题和要　　求	1. 要求独立处理 2. 现场实际操作演示 3. 做到安全、文明演示				
工具、材料、设备、场地	现场实际设备				

	序号	项　目　名　称	满分
评分标准	1	现象	
	1.1	地脚螺栓松动	
	1.2	联轴器中心不正	
	1.3	齿轮啮合不好或掉齿	
	1.4	油位过高或过低，轴承有不连续的间断声	
	2	处理	
	2.1	紧固地脚螺栓	5
	2.2	通知检修找正联轴器	5
	2.3	通知检修班对减速机进行观察	5
	2.4	补油或放掉多余的油	5
	质量要求	要求正确分析、判断，按工艺要求进行处理	
	得分与扣分	每少 1 项扣 5 分	

240

编　号	C03A028	行为领域	e	鉴定范围	3
考核时限	20min	题　型	A	题　分	20
试题正文	翻车机压车系统中储能器中的杆翻车后不回位的处理				
需要说明的问题和要　求	1. 要求独立进行操作 2. 现场就地演示 3. 要注意安全，文明演示				
工具、材料、设备、场地	现场实际设备				

	序号	项　目　名　称	满分
评分标准	1	现象	
	1.1	储能器中的弹簧疲劳老化	
	1.2	储能器回油管路堵塞	
	1.3	压力系统低压溢流阀漏塞或调整压力过高	
	2	处理	
	2.1	通知检修更换储能器弹簧	5
	2.2	通知检修清扫油管路	5
	2.3	调整溢流阀或通知检修班检修	10
	质量要求	要正确分析判断故障原因	
	得分与扣分	不能正确调整低压溢流阀扣10分	

编　号	C03A029	行为领域	e	鉴定范围	3
考核时限	30min	题　型	A	题　分	20
试题正文	悬臂斗轮机俯仰系统不动作的处理				
需要说明的问题和要求	1. 要求单独处理 2. 现场就地操作演示 3. 做到安全、文明演示				
工具、材料、设备、场地	现场实际设备				

	序号	项　目　名　称	满分
评 分 标 准	1	现象	
	1.1	电液换向阀不动作	
	1.2	俯仰油泵的压力未达到额定值	
	1.3	俯仰系统的溢流阀所调压力未达到额定值	
	2	处理	
	2.1	通知电气人员检修换向阀	5
	2.2	调节油泵的压力，以满足使用要求	5
	2.3	调节系统的压力，使之满足其要求	10
	质量要求	要正确分析判断故障原因	
	得分与扣分	调节压力不符合要求扣10分	

行业：电力工程　　　　工种：卸储煤值班员　　　　等级：技

编　　号	C02A030	行为领域	e	鉴定范围	2
考核时限	20min	题　　型	A	题　　分	20
试题正文	翻车机压车系统储能器油管爆的处理				
需要说明的问题和要　　求	1. 要求单独处理 2. 现场实际操作演示 3. 如遇危及安全生产的情况，停止演示，退出现场				
工具、材料、设备、场地	现场实际设备				

	序号	项　目　名　称	满分
评分标准	1 1.1 1.2 1.3	现象 储能器油压不高 低压溢流阀失灵 回油管路堵塞	
	2 2.1 2.2 2.3	处理 调节低压溢流阀使压力降到 0.5MPa 以下 处理或更换低压溢流阀 通知检修人员处理	10 5 5
	质量要求	压力调整应准确	
	得分与扣分	压力调整不准确扣 10 分	

243

行业：电力工程　　　　工种：卸储煤值班员　　　　等级：技

编　号	C02A031	行为领域		e	鉴定范围	2
考核时限	15min	题　型		A	题　分	20
试题正文	斗轮机轮斗取煤出力下降的处理					
需要说明的问题和要　求	1. 要求独立操作演示 2. 现场实际设备演示 3. 注意安全，文明演示					
工具、材料、设备、场地	现场实际设备					

	序号	项　目　名　称	满分
评分标准	1 1.1 1.2 1.3	现象 斗齿脱落 斗口磨损后向内弯曲变形 斗内黏煤过多	
	2 2.1 2.2 2.3	处理 通知检修补齐斗齿 建议检修人员维修或更换斗子 清除斗内的黏煤	5 5 10
	质量要求	判断故障要准确	
	得分与扣分	不能独立清除斗内的黏煤扣10分	

244

编　号	C02A032	行为领域	e	鉴定范围	2
考核时限	10min	题　型	A	题　分	20
试题正文	液压系统压力超过溢流阀额定压力的处理				
需要说明的问题和要求	1. 要求独立操作 2. 现场设备演示 3. 注意安全，文明演示				
工具、材料、设备、场地	现场实际设备				

	序号	项　目　名　称	满分
评分标准	1 1.1 1.2	现象 溢流阀主阀卡死或调压弹簧失效 油孔堵塞	
	2 2.1 2.2	处理 立即停止运行，通知检修处理 做好值班记录	10 10
	质量要求	首先应立即停止系统运行，以保护系统安全	
	得分与扣分	停机不及时扣 3～5 分	

编　　号	C02A033	行为领域	e	鉴定范围	2
考核时限	15min	题　　型	A	题　　分	20
试题正文	装卸桥运行中经常跳闸的故障分析及处理				
需要说明的问题和要　　求	1. 要求独立操作 2. 现场就地文明演示 3. 做到安全、文明演示				
工具、材料、设备、场地	现场实际设备				

	序号	项　目　名　称	满分
评 分 标 准	1	现象	
	1.1	交流接触器接触不良	
	1.2	装卸桥超载运行	
	1.3	滑线有接触不良现象	
	2	处理	
	2.1	通知电气人员检修或更换接触器	5
	2.2	调整负载，避免超载运行	10
	2.3	通知检修人员检修滑线	5
	质量 要求	要求独立完成	
	得分与 扣分	每缺1项扣除相应分数	

行业：电力工程　　　　工种：卸储煤值班员　　　　等级：技

编　号	C02A034	行为领域	e	鉴定范围	1
考核时限	30min	题　型	A	题　分	20
试题正文	斗轮机高位堆煤时悬臂皮带打滑的故障处理				
需要说明的问题和要　　求	1. 要求单独进行操作处理 2. 现场就地文明演示，不得触动其他运行设备 3. 如遇生产事故，立即停止考核，退出现场 4. 注意安全，文明操作演示				
工具、材料、设备、场地	现场实际设备				

	序号	项　目　名　称	满分
评分标准	1	现象	
	1.1	皮带与滚筒之间打滑	
	1.2	皮带电动机声音异常	
	1.3	大臂仰起角度较大	
	2	处理	
	2.1	立即停止悬臂皮带的运行	4
	2.2	检查电动机与皮带是否有异常现象	4
	2.3	行走大车或旋转大臂选择合适的储煤点	4
	2.4	降低大臂的角度，启动皮带将煤运出	4
	2.5	回到原来的储煤位置	2
	2.6	联系班长减小上煤量	2
	质量要求	应立即停止皮带运行，并对设备进行详细的检查后才能进行操作	
	得分与扣分	每缺1项扣5分，不对设备进行检查扣3～4分	

247

编　号	C02A035	行为领域	e	鉴定范围	2
考核时限	30min	题　型	A	题　分	20
试题正文	推煤机变速杆挂挡后，不起步现象的处理				
需要说明的问题和要　　求	1. 要求独立操作 2. 利用现场设备进行演示 3. 做到安全，文明演示				
工具、材料、设备、场地	现场使用中的推煤机				

评分标准	序号	项　目　名　称	满分
	1	现象	
	1.1	液力变矩器和变速箱的油压不上升	
	1.2	油管接头没有拧紧，因破损混入空气或漏气	
	1.3	齿轮泵磨损或卡住	
	1.4	变速箱里的油量不足	
	1.5	变速箱的滤油器滤芯堵塞	
	2	处理	
	2.1	经检查如有此种情况，通知检修人员检修	4
	2.2	拧紧管接头或通知检修人员更换油管	4
	2.3	通知检修人员检修或更换齿轮泵	4
	2.4	补充到规定的油量	4
	2.5	清理或更换滤芯	4
	质量要求	要求简单的故障自行处理	
	得分与扣分	每缺 1 项扣 4 分，简单的故障自己不能处理扣 8 分	

4.2.2 多项操作

行业：电力工程　　　　工种：卸储煤值班员　　　　等级：初

编　号	C05B036	行为领域	e	鉴定范围	4
考核时限	30min	题　型	B	题　分	30
试题正文	电动机振动过大的故障处理				
需要说明的问题和要　求	1. 要求独立处理 2. 现场设备就地演示 3. 注意安全，文明演示				
工具、材料、设备、场地	现场实际设备				

评分标准	序号	项　目　名　称	满分
	1	现象	
	1.1	电动机地脚螺栓松动	
	1.2	电动机轴承缺油或损坏	
	1.3	转子不平衡或静动有摩擦	
	1.4	联轴器中心不正	
	1.5	电动机窜轴	
	2	处理	
	2.1	紧固地脚螺栓	6
	2.2	根据声音判断轴承是否损坏并通知检修进行处理	6
	2.3	通知电气人员对电动机进行检修	6
	2.4	如判断联轴器中心不正，通知检修人员进行处理	6
	2.5	通知检修人员检修	6
	质量要求	要求对可能发生的问题的原因进行全面检查	
	得分与扣分	每缺 1 项扣 6 分	

行业：电力工程　　　　工种：卸储煤值班员　　　　等级：初

编　号	C05B037	行为领域	e	鉴定范围	4
考核时限	30min	题　型	B	题　分	30
试题正文	处理导料槽皮带密封卡煤或其他杂物卡阻				
需要说明的问题和要求	1. 现场实际就地操作演示，不得触动运行设备 2. 万一遇生产事故，立即停止考核，退出现场 3. 要注意安全，文明操作				
工具、材料、设备、场地	1. 现场设备 2. 手套、铁钎子、扳手等				

	序号	项　目　名　称	满分
评分标准	1	现象	
	1.1	皮带被磨冒烟发出刺鼻的胶味	
	1.2	皮带有明显的划痕	
	1.3	严重时将皮带刮裂	
	2	处理	
	2.1	一但发现上述情况立即停止皮带运行	8
	2.2	做好安全措施，利用现有工具将杂物取出	8
	2.3	严重时应汇报班长通知检修人员处理	8
	2.4	做好值班记录	6
	质量要求	发现要及时并迅速拉停皮带，做好记录	
	得分与扣分	发现不及时扣8分，处理不果断扣8分，记录不详细扣6分	

250

编　　号	C05B038	行为领域	e	鉴定范围	4
考核时限	30min	题　　型	B	题　　分	30
试题正文	输煤皮带承载段跑偏的调整				
需要说明的问题和要　　求	1. 要求单独进行操作 2. 现场就地操作演示 3. 如跑偏严重不能及时调正，应拉停皮带停止考核 4. 注意安全，文明操作演示				
工具、材料、设备、场地	现场实际设备				

	序号	项　目　名　称	满分
	1	现象	
	1.1	输煤皮带承载段跑偏严重，撒煤	
	2	处理	
	2.1	观察胶带跑偏的方向和地点，以便确定调偏的托辊	5
	2.2	确定跑偏方向和地点后，应选择胶带跑偏处或离胶带跑偏处最近的上调偏托辊进行调整	5
评分标准	2.3	逐渐将选择的上调偏托辊向胶带跑偏侧的前进方向调整	5
	2.4	观察胶带运行情况，继续调整	5
	2.5	如调整的第 1 个上调偏托辊，已经到最大调整范围，胶带仍就跑偏，可选择第 2 个最近的托辊调整	5
	2.6	如已调 1 个或 2 个，胶带仍就跑偏，应停机，检查是否有其他原因	5
	质量要求	1. 正确判断跑偏地点 2. 正确的选择上调偏托辊 3. 调节的幅度适当，边观察边调整	
	得分与扣分	调偏地点选择不正确扣 5 分，调节幅度不适当扣 5 分，选择不正确调偏托辊扣 5 分	

行业：电力工程　　　　工种：卸储煤值班员　　　　等级：初

编　　号	C05B039	行为领域	e	鉴定范围	4
考核时限	30min	题　型	B	题　分	30

试题正文	螺旋卸煤机绞龙升降时不灵活的缺陷处理

需要说明的问题和要　　求	1. 要求独立操作处理 2. 现场实际设备演示 3. 注意安全，文明演示

工具、材料、设备、场地	现场实际设备

	序号	项　目　名　称	满分
评分标准	1	现象	
	1.1	升降制动器未完全打开	
	1.2	升降滑道变形，有卡涩现象	
	1.3	升降链轮转动不灵活	
	1.4	电动机发热出力下降	
	2	处理	
	2.1	对升降制动器进行调整	8
	2.2	通知检修人员对滑道进行校正	8
	2.3	对链轮进行检修	8
	2.4	通知电气人员对电动机进行检查处理	6
	质量要求	对制动器的调整要合理	
	得分与扣分	每缺 1 项扣 6 分，间隙调整不合理扣 8 分	

行业：电力工程　　　　工种：卸储煤值班员　　　　等级：初

编　号	C05B040	行为领域	e	鉴定范围	4
考核时限	30min	题　型	B	题　分	30
试题正文	螺旋卸煤机绞龙系统电动机转、绞龙不转				
需要说明的问题和要　　求	1. 要求单独进行处理 2. 现场就地操作演示 3. 要做到文明演示				
工具、材料、设备、场地	现场实际设备				

	序号	项　目　名　称	满分
评分标准	1	可能现象	
	1.1	液力耦合器缺油或损坏	
	1.2	机械部分卡阻，液力耦合器保护动作	
	1.3	传动链条断	
	1.4	减速机损坏	
	1.5	联轴器损坏	
	2	处理	
	2.1	给液力耦合器加油或更换液力耦合器	6
	2.2	消除机械部分的卡阻	6
	2.3	通知检修人员更换或修复链条	6
	2.4	对减速机进行检修	6
	2.5	检修联轴器	6
	质量要求	按检修工艺要求进行处理	
	得分与扣分	每缺1项扣6分	

行业：电力工程　　　　工种：卸储煤值班员　　　　等级：中

编　　号	C04B041	行为领域	e	鉴定范围	2
考核时限	30min	题　型	B	题　分	30
试题正文	翻车机回车时活动平台对位不准的故障分析及处理				
需要说明的问题和要　　求	1. 现场就地操作演示 2. 如遇威胁安全生产情况，停止演示退出现场 3. 要做到安全文明演示				
工具、材料、设备、场地	现场实际设备				

	序号	项　目　名　称	满分
评分标准	1	现象	
	1.1	主令制动器动作不正确	
	1.2	制动器失灵	
	1.3	液压缓冲器缺油，回位弹簧故障	
	1.4	月牙槽内有杂物	
	2	处理	
	2.1	通知电气人员调整主令	5
	2.2	调整制动器或通知检修人员进行检修	10
	2.3	给液压缓冲器加油或通知检修人员检修	10
	2.4	清除月牙槽内的杂物	5
	质量要求	要求判断迅速准确	
	得分与扣分	每缺1项扣除相应的分数	

254

行业：电力工程　　　　工种：卸储煤值班员　　　　等级：中

编　号	C04B042	行为领域	e	鉴定范围	2
考核时限	20min	题　型	B	题　分	30
试题正文	翻车机定位器升不起或落不下的处理				
需要说明的问题和要　求	1. 要求独立操作 2. 现场实际设备演示 3. 注意安全，文明演示				
工具、材料、设备、场地	现场实际设备				

	序号	项　目　名　称	满分
评分标准	1	现象	
	1.1	定位铁靴卡住	
	1.2	限位开关未复位	
	1.3	控制线路故障	
	2	处理	
	2.1	查明原因，消除卡阻	10
	2.2	正确的复位限位开关	10
	2.3	通知电气人员检修控制回路	10
	质量要求	要求迅速准确的查明各项原因，能够正确的复位限位开关	
	得分与扣分	不能正确的复位限位开关扣10分	

行业：电力工程　　　　工种：卸储煤值班员　　　　等级：中

编　　号	C04B043	行为领域	e	鉴定范围	2
考核时限	30min	题　型	B	题　分	30
试题正文	液力耦合器运行中丢转的处理				
需要说明的问题和要　　求	1. 要求独立操作 2. 利用现场实际设备演示 3. 要注意安全，文明操作				
工具、材料、设备、场地	现场实际设备				

	序号	项　目　名　称	满分
评分标准	1	现象	
	1.1	电动机有故障或接法不正确	
	1.2	工作机有卡塞现象，转动设备有卡阻或负载过重	
	1.3	充液太少、液力耦合器无法达到额定转数	
	1.4	液力耦合器漏油	
	2	处理	
	2.1	检查电动机的电流、转速变化幅度是否超常	10
	2.2	检查工作机械，消除卡阻现象	5
	2.3	按规定补充油量	10
	2.4	通知检修人员更换密封，拧紧螺栓	5
	质量要求	要求对可能产生此现象的原因进行全面检查	
	得分与扣分	缺检1项扣5分	

编　号	C04B044	行为领域	e	鉴定范围	2
考核时限	20min	题　型	B	题　分	30
试题正文	液压油泵抽空的故障处理				
需要说明的问题和要　求	1. 要求独立操作 2. 现场实际设备演示 3. 注意安全，文明演示				
工具、材料、设备、场地	现场实际设备				

	序号	项　目　名　称	满分
评 分 标 准	1	现象	
	1.1	补泵压力低	
	1.2	油箱不透气	
	1.3	油的黏度太大	
	1.4	油温度低	
	2	处理	
	2.1	通知检修人员更换或检修齿轮泵	5
	2.2	疏通透气孔	10
	2.3	更换黏度小的液压油	5
	2.4	提前开启油泵，提高油温	10
	质量要求	判断应准确全面，能够选择合适黏度的油	
	得分与扣分	每缺 1 项扣 5 分，油的标号选择不合理扣 5 分	

行业：电力工程　　　　工种：卸储煤值班员　　　　等级：中

编　　号	C04B045	行为领域	e	鉴定范围	2
考核时限	30min	题　型	B	题　分	30
试题正文	悬臂斗轮机变幅时振动的处理				
需要说明的问题和要　　求	1. 要求单独处理 2. 现场实际设备演示 3. 做到安全、文明演示				
工具、材料、设备、场地	现场实际设备				

	序号	项　目　名　称	满分
评分标准	1	现象	
	1.1	油路或液压缸内有空气	
	1.2	液压油的黏度过小	
	1.3	活塞杆有划痕	
	1.4	油泵的流量太小或压力过低	
	2	处理	
	2.1	排出油路或液压缸内的空气	10
	2.2	更换黏度适当的液压油	5
	2.3	通知检修人员对活塞杆进行检修	5
	2.4	正确的调节油泵的压力和流量	10
	质量要求	要求能够独立处理简单的故障，正确的调节油泵的压力和流量	
	得分与扣分	不能独立处理简单故障扣 5 分，不能正确的调整油泵的压力和流量扣 5 分	

258

行业：电力工程　　　　工种：卸储煤值班员　　　　等级：高

编　　号	C03B046	行为领域	e	鉴定范围	3
考核时限	20min	题　　型	B	题　　分	30
试题正文	斗轮机取煤时噪声大，油管路振动故障处理				
需要说明的问题和要　　求	1. 要求单独处理 2. 现场实际设备演示 3. 注意安全，文明演示				
工具、材料、设备、场地	现场实际设备				

	序号	项　目　名　称	满分
评 分 标 准	1	现象	
	1.1	斗轮吃煤过深	
	1.2	斗轮转数过高	
	2	处理	
	2.1	停止斗轮运行	10
	2.2	将大车后退或升斗	10
	2.3	调节溢流阀，降低斗轮的转数	10
	质量要求	先停止斗轮运行，再进行其他的操作	
	得分与扣分	每缺 1 项扣 10 分	

行业：电力工程　　　工种：卸储煤值班员　　　等级：高

编　号	C03B047	行为领域	e	鉴定范围	3
考核时限	20min	题　型	B	题　分	30

试题正文	柱塞缸移动迟缓的处理

需要说明的问题和要　　求	1. 要求独立处理 2. 现场就地操作演示 3. 注意安全，文明演示

工具、材料、设备、场地	现场实际设备

评分标准	序号	项　目　名　称	满分
	1	可能现象	
	1.1	溢流阀调节压力太低或损坏	
	1.2	油泵严重磨损，造成压力不足	
	1.3	部件严重老化，造成内漏	
	2	处理	
	2.1	调节溢流阀压力使之达到规定压力或通知检修人员更换溢流阀	10
	2.2	通知检修人员更换液压油泵	10
	2.3	通知检修人员对柱塞缸进行检修	10
	质量要求	要求能够判断故障点，能够正确调整溢流阀压力	
	得分与扣分	不能迅速地判断故障点扣10分，不能正确的调整溢流阀扣10分	

行业：电力工程　　　　工种：卸储煤值班员　　　　等级：高

编　号	C03B048	行为领域	e	鉴定范围	1
考核时限	25min	题　型	B	题　分	30
试题正文	翻车机启动时无动作				
需要说明的问题和要　求	1. 要求独立操作 2. 现场实际设备演示 3. 注意安全，文明演示				
工具、材料、设备、场地	现场实际设备				

	序号	项　目　名　称	满分
评分标准	1	现象	
	1.1	安全开关位置不对	
	1.2	终点限位开关未复位	
	1.3	二次回路故障	
	2	处理	
	2.1	将安全开关打到接通位置	10
	2.2	将开关复位	10
	2.3	通知电气人员检查回路，排除故障	10
	质量要求	要求正确地把各种开关复位	
	得分与扣分	不能把各种开关打到正确位置扣 10 分	

261

行业：电力工程　　　　工种：卸储煤值班员　　　　等级：高

编　　号	C03B049	行为领域	e	鉴定范围	3
考核时限	30min	题　　型	B	题　　分	30
试题正文	翻车机翻回零位时扁担梁支轴折断				
需要说明的问题和要　　求	1. 要求独立操作 2. 现场就地操作演示 3. 做到安全、文明演示				
工具、材料、设备、场地	现场实际设备				

评分标准	序号	项　目　名　称	满分
	1	可能现象	
	1.1	冬季回油管路中带水、管路堵塞	
	1.2	低压溢流阀堵塞、阀芯卡住或溢油压力过高	
	1.3	开闭阀滑轨位置改变，使翻车机回到 45°时，开闭阀开启过晚	
	2	处理	
	2.1	消除油管路中的冰块或反接新油	10
	2.2	通知检修人员，检修溢流阀或调节溢流阀压力	10
	2.3	将开闭阀滑轨位置复位	10
质量要求		要求判断准确，溢流阀调节压力准确	
得分与扣分		每缺 1 项扣 10 分，溢流阀压力调整不准确扣 5 分	

262

行业：电力工程　　　工种：卸储煤值班员　　　等级：高

编　号	C03B050	行为领域	e	鉴定范围	1
考核时限	20min	题　型	B	题　分	30

试题正文	翻车机重车系统电动机运行正常而拉不动车的分析处理

需要说明的问题和要　　求	1. 要求单独处理 2. 现场就地演示 3. 做到文明演示

工具、材料、设备、场地	现场实际设备

<table>
<tr><td rowspan="17">评
分
标
准</td><td>序号</td><td>项　目　名　称</td><td>满分</td></tr>
<tr><td>1</td><td>现象</td><td></td></tr>
<tr><td>1.1</td><td>重车减速机油泵工作不正常</td><td></td></tr>
<tr><td>1.2</td><td>重车减速机液压系统的溢流压力调节不符合要求</td><td></td></tr>
<tr><td>1.3</td><td>减速机内滤油网堵塞或油管路堵塞</td><td></td></tr>
<tr><td>1.4</td><td>所拉的重车较多</td><td></td></tr>
<tr><td>2</td><td>处理</td><td></td></tr>
<tr><td>2.1</td><td>通知检修班检修油泵</td><td>5</td></tr>
<tr><td>2.2</td><td>调节液压系统的溢流阀使之满足要求</td><td>10</td></tr>
<tr><td>2.3</td><td>通知检修班清洗滤油网或清扫油管路</td><td>5</td></tr>
<tr><td>2.4</td><td>减少所拉的车数</td><td>10</td></tr>
<tr><td>质量
要求</td><td>严格执行相关运行规程</td><td></td></tr>
<tr><td>得分与
扣分</td><td>每缺 1 项扣 5 分或 10 分</td><td></td></tr>
</table>

行业：电力工程　　　　工种：卸储煤值班员　　　　等级：技师

编　号	C02B051	行为领域	e	鉴定范围	2
考核时限	30min	题　型	B	题　分	30
试题正文	悬臂斗轮机斗轮在运行中突然自行停止的故障分析及处理				

需要说明的问题和要　求	1. 要求单独进行操作处理 2. 现场就地操作演示 3. 要文明操作演示

工具、材料、设备、场地	现场设备

	序号	项　目　名　称	满分
	1	现象	
	1.1	斗轮吃煤过深，使溢流阀溢油	
	1.2	压环打滑	
	1.3	耦合器打滑或喷油	
	1.4	反力矩臂保护动作，燃煤里有大块	
评分标准	2	处理	
	2.1	通知检修班调节行程调节器	6
	2.2	停止斗轮泵运转，大车后退时臂架升起，离开煤堆后，使斗轮反转，停止，重新启动	6
	2.3	调整吃料深度	6
	2.4	耦合器重新加油，同时不可超载工作	6
	2.5	取掉煤中的大块，合上开关，继续工作	6
	质量要求	要求判断问题迅速、准确	
	得分与扣分	每缺1项扣6分	

行业：电力工程　　　工种：卸储煤值班员　　　等级：技师

编　号	C02B052	行为领域	e	鉴定范围	2
考核时限	20min	题　型	B	题　分	30
试题正文	液压电动机转数低、出力小的分析处理				
需要说明的问题和要　　求	1. 要求独立操作 2. 现场实际设备演示 3. 注意安全，文明演示				
工具、材料、设备、场地	现场实际设备				

	序号	项　目　名　称	满分
评 分 标 准	1	现象	
	1.1	油泵供油量不足	
	1.2	油泵、液压电动机各结合面严重漏油	
	1.3	液压电动机内部零件磨损造成内漏严重	
	2	处理	
	2.1	调整油泵的供油量	10
	2.2	处理各结合面的漏油	10
	2.3	通知检修人员对液压电动机进行检修	10
	质量要求	要求独立完成油泵的调节，可以处理一些漏油	
	得分与扣分	每缺 1 项扣 10 分	

行业：电力工程　　　工种：卸储煤值班员　　　等级：技师

编　　号	C02B053	行为领域	e	鉴定范围	2
考核时限	20min	题　　型	B	题　　分	30
试题正文	电动机过热，但电流不大的原因分析及处理				
需要说明的问题和要　　求	1. 要求独立操作 2. 现场实际设备演示 3. 注意安全，文明演示				
工具、材料、设备、场地	现场实际设备				

	序号	项　目　名　称	满分
评分标准	1	可能现象	
	1.1	环境温度较高	
	1.2	电动机外部灰尘太多，风扇损坏或风罩丢失	
	1.3	绕组几股导线中断一股	
	2	处理	
	2.1	立即停止运行，改变环境温度或强制冷却	10
	2.2	清理外部的积尘，通知检修人员检修风扇	10
	2.3	通知电气人员检修电动机	10
	质量要求	正确判断故障点	
	得分与扣分	每缺1项扣10分	

266

行业：电力工程　　　　工种：卸储煤值班员　　　　等级：技师

编　　号	C02B054	行为领域	e	鉴定范围	2
考核时限	30min	题　　型	B	题　　分	30
试题正文	翻车机回转制动器失灵的故障处理				
需要说明的问题和要　　求	1. 要求独立操作 2. 现场就地演示 3. 做到安全、文明演示				
工具、材料、设备、场地	现场实际设备				

	序号	项　目　名　称	满分
评分标准	1	现象	
	1.1	调整螺栓松动	
	1.2	闸瓦片磨损过大	
	1.3	间隙不符合要求	
	1.4	液压推动器故障或缺油	
	1.5	控制部分故障	
	1.6	摩擦面有油	
	2	处理	
	2.1	紧固调整螺栓	5
	2.2	若超过标准，通知检修更换	5
	2.3	调整间隙	5
	2.4	通知检修班对液压推动器检修或补油	5
	2.5	通知电气人员对控制部分检修	5
	2.6	用清洗剂清洗摩擦面	5
	质量要求	所调整的间隙和推动器及所加油量应按工艺要求	
	得分与扣分	每缺1项扣5分，间隙或加油量不准确扣5分	

267

行业：电力工程　　　　工种：卸储煤值班员　　　　等级：技师

编　号	C02B055	行为领域	e	鉴定范围	2
考核时限	30min	题　型	B	题　分	30
试题正文	悬臂斗轮机大臂升起操作时反而下降的分析及处理				
需要说明的问题和要求	1. 要求单独进行操作处理 2. 现场就地操作演示 3. 如遇危及安全的情况应立即停止演示				
工具、材料、设备、场地	现场实际设备（DQ5030斗轮堆取机）				

	序号	项　目　名　称	满分
评 分 标 准	1	现象	
	1.1	电液换向阀的电磁线圈无动作	
	1.2	俯仰油泵的输出压力达不到额定值	
	1.3	俯仰回路中溢流阀的调整压力不能满足工作要求	
	2	处理	
	2.1	通知电气人员调整电磁铁	10
	2.2	调整俯仰液压泵的出力或更换油泵	10
	2.3	调节溢流阀的压力使之满足工作要求	10
	质量要求	1. 正确调节油泵的出力 2. 正确调节溢流阀	
	得分与扣分	调整不符合要求扣10分	

268

4.2.3 综合操作

行业：电力工程　　　　工种：卸储煤值班员　　　　等级：初

编　　号	C05C056	行为领域	e	鉴定范围	2
考核时限	20min	题　型	C	题　分	50
试题正文	螺旋卸煤机运行前的检查				
需要说明的问题和要　　求	1. 要求独立操作 2. 现场实际设备演示 3. 注意安全，文明演示				
工具、材料、设备、场地	现场实际设备				

	序号	项　目　名　称	满分
评分标准	1	接到卸车命令，进行运行前检查	
	2	操作	
	2.1	检查各结构的连接及固定螺栓是否有松动现象	5
	2.2	检查套筒滚子链是否完好	5
	2.3	检查行走车轮、上下挡轴、轨道是否有严重磨损	10
	2.4	液压推动器有无漏油现象	5
	2.5	检查制动瓦是否正确的抱在制动轮上	5
	2.6	各减速机的油位是否正常	5
	2.7	驾驶室的闭锁是否好用及歪斜	10
	2.8	各种电源指示灯工作正常	5
	质量要求	要求进行全面的检查	
	得分与扣分	每缺1项按要求扣除相应分数	

行业：电力工程　　　工种：卸储煤值班员　　　等级：中

编　　号	C04C057	行为领域	e	鉴定范围	2
考核时限	30min	题　　型	C	题　　分	50
试题正文	液压油泵振动的故障处理				
需要说明的问题和要　　求	1. 要求独立操作 2. 现场就地操作演示 3. 做到安全文明演示				
工具、材料、设备、场地	现场实际设备或模拟进行				

	序号	项　目　名　称	满分
评分标准	1	现象	
	1.1	油泵抽空	
	1.2	液压油产生泡沫	
	1.3	地脚螺栓松动	
	1.4	油泵内循环	
	1.5	传动中心不正或联轴器松动	
	1.6	油路堵塞	
	2	处理	
	2.1	检查泵、溢流阀和打开油箱等	9
	2.2	进行加油和排气	9
	2.3	紧固地脚螺栓	5
	2.4	通知检修人员修理或更换油泵	9
	2.5	通知检修人员重新找正或紧固螺栓	9
	2.6	通知检修人员清洁油路	9
	质量要求	应会排除简单的故障	
	得分与扣分	每缺 1 项扣除相应分数，不能独立排除简单故障扣 5 分	

行业：电力工程　　　　工种：卸储煤值班员　　　　等级：高

编　　号	C03C058	行为领域	e	鉴定范围	3
考核时限	30min	题　　型	C	题　　分	50
试题正文	螺旋卸煤机大修后试运前的准备工作				
需要说明的问题和要　　求	1. 要求独立操作 2. 现场设备演示 3. 做到安全文明演示				
工具、材料、设备、场地	现场设备				

	序号	项　目　名　称	满分
评分标准	1	螺旋卸煤机大修结束，检修人员已撤离现场并要求试运	
	2	处理	
	2.1	检查现场确认检修人员已撤离现场，各种设施已拆除且具备运行条件	7
	2.2	检修人员交回工作票，负责人签字	6
	2.3	联系电气人员送电，并做好记录	6
	2.4	协助电气人员做电气设备静态试验	6
	2.5	协助机械检修人员对机械设备进行调试	7
	2.6	协助机械人员进行空载试验	5
	2.7	对所有的设备进行带负荷试验	7
	2.8	签字验收	6
	质量要求	严格按照各单位《运行规程》操作顺序不得颠倒	
	得分与扣分	缺 1 项扣相应分数，顺序错误扣 10～20 分，记录不详细扣 6 分	

行业：电力工程　　　　工种：卸储煤值班员　　　　等级：高

编　　号	C03C059	行为领域	e	鉴定范围	3
考核时限	30min	题　　型	C	题　　分	50
试题正文	斗轮机大修后试运的操作步骤				
需要说明的问题和要　　求	1. 要求独立操作 2. 现场设备演示 3. 做到安全文明演示				
工具、材料、设备、场地	现场实际设备（DQ5030 斗轮机）				

	序号	项 目 名 称	满分
评分标准	1	DQ5030 斗轮机大修结束，检修人员要求试运	
	2	处理	
	2.1	检查现场，确认检修人员已撤离现场，各种设施已拆除且具备试运的条件	8
	2.2	检修人员交回工作票，负责人签字	6
	2.3	联系电气人员送电，并做好记录	6
	2.4	协助电气人员做电气设备静态试验	6
	2.5	协助机械检修人员对所有的机械和液压系统进行调试，使各个参数满足运行条件，并做好记录	6
	2.6	协助检修人员进行空载试验	6
	2.7	对所有的设备进行带负荷运行试验	6
	2.8	签字验收	6
	质量要求	严格执行各单位《运行规程》，顺序不得颠倒	
	得分与扣分	缺 1 项扣除相应分数，顺序不清的扣 10～20 分，记录不详细扣 6 分	

行业：电力工程　　　工种：卸储煤值班员　　　等级：技师

编　　号	C02C060	行为领域	e	鉴定范围	2
考核时限	30min	题　型	C	题　分	50
试题正文	斗轮机行走时发生啃轨现象的处理				
需要说明的问题和要　　求	1. 要求独立操作 2. 现场就地操作演示 3. 要注意安全，文明演示				
工具、材料、设备、场地	现场设备				

	序号	项　目　名　称	满分
评分标准	1	现象	
	1.1	两驱动轮直径不等，大车的线速度不等，致使车体倾斜	
	1.2	传动系统偏差过大	
	1.3	结构件变形	
	1.4	轨道安装有误差	
	1.5	轨道面有油污或冰霜	
	2	处理	
	2.1	通知检修人员更换车轮	10
	2.2	建议检修人员合理匹配电动机和制动器，检修传动轴、键及齿轮	10
	2.3	通知检修人员修正变形的结构体	10
	2.4	通知检修人员调整轨道，使其跨度、直线度和标高符合要求	10
	2.5	清除轨道面油污或冰霜	10
	质量要求	要求对这些现象进行全面检查	
	得分与扣分	每少检查 1 项扣 10 分	

行业：电力工程　　　　工种：卸储煤值班员　　　　等级：技师

编　　号	C02C061	行为领域	e	鉴定范围	2
考核时限	30min	题　型	C	题　分	50
试题正文	翻车机翻车时速度缓慢的故障分析及处理				
需要说明的问题和要　求	1. 现场设备就地操作演示 2. 如遇危及安全生产的情况，立即停止操作，停止演示 3. 做到安全文明演示				
工具、材料、设备、场地	现场设备				

	序号	项　目　名　称	满分
评分标准	1	可能现象	
	1.1	所翻煤车超重	
	1.2	翻车机动力电源电压低于正常值	
	1.3	驱动电动机和制动轮抱闸未打开，制动轮冒烟	
	1.4	驱动电动机有一台有故障，单电动机驱动	
	2	处理	
	2.1	将超重煤车排出，另行处理	15
	2.2	通知电气人员将电源电压调到正常值	15
	2.3	调节制动器或通知检修人员进行检修	15
	2.4	通知电气人员对有故障的电动机进行检修	5
	质量要求	要求判断准确，无漏项	
	得分与扣分	每缺1项扣相应的分数，调整制动间隙不符要求扣5分	

行业：电力工程　　　　工种：卸储煤值班员　　　　等级：技师

编　号	C02C062	行为领域	e	鉴定范围	2
考核时限	30min	题　型	C	题　分	50

试题正文	减速箱异常发热的故障分析及处理

需要说明的问题和要　求	1. 现场设备就地操作演示 2. 如遇危及安全生产的情况，立即停止操作，停止演示 3. 做到安全文明演示

工具、材料、设备、场地	现场设备

	序号	项　目　名　称	满分
评分标准	1 1.1	可能现象 外壳或轴承座温度超过 60℃异响，并呈上升趋势	
	2 2.1 2.2 2.3 2.4	处理 传动设备超载运行，降低负载 检查减速箱油位，减速箱内润滑油劣化或油量过多或过少 轴承损坏或啮合不良 通知机修人员进行检修	 15 15 15 5
	质量要求	要求判断准确，无漏项	
	得分与扣分	每缺 1 项扣相应的分数	

275

行业：电力工程　　　　工种：卸储煤值班员　　　　等级：技师

编　号	C02C063	行为领域	e	鉴定范围	2
考核时限	30min	题　型	C	题　分	50
试题正文	翻车机翻起时压车梁压车不到位的处理				
需要说明的问题和要求	1. 要求独立操作 2. 现场实际操作演示 3. 如遇危及安全生产的情况，停止演示，退出现场				
工具、材料、设备、场地	现场设备				

	序号	项　目　名　称	满分
评分标准	1	现象	
	1.1	供油泵磨损，供油量不足	
	1.2	冬季液压油中有水，高压溢流阀芯冻在回油位置	
	1.3	液压油使用不当，冬季黏度大，夏季油过稀，造成油泵供油量不足	
	1.4	液压缸活塞密封圈损坏，造成内漏	
	1.5	开闭阀阀芯与阀座磨损造成泄压	
	1.6	油箱中油位过低，油泵抽空，有吱吱声	
	1.7	油管接头漏气使油管路中有空气	
	1.8	油管路或油箱滤网堵塞	
	2	处理	
	2.1	通知检修人员检修或更换液压油泵	6
	2.2	更换新油或处理高压溢流阀	7
	2.3	更换液压油、冬季用 25 号变压器油，夏季用 30 号机械油	7
	2.4	通知检修人员更换活塞密封	6
	2.5	通知检修人员检修开闭阀，更换磨损件	6
	2.6	油箱加油至红线上	6
	2.7	排除空气，拧紧油管接头	6
	2.8	将油管路或油箱滤网杂质清除	6
	质量要求	分析问题要全面准确，要选用合适的液压油	
	得分与扣分	每漏 1 项扣除相应分数，油号选用不正确扣 7 分	

276

试卷样例

中级卸储煤值班员知识要求试卷

一、选择题（每题1分，共25分）

下列每题都有4个答案，其中只有1个正确答案，将正确答案的序号填入括号内。

1. 我国安全生产的方针是（　　　）。

（A）安全第一，预防为主，综合治理；（B）管生产必须管安全；（C）企业负责，行业管理；（D）其他。

2. 液力耦合器是靠（　　　）来传递扭矩。

（A）尼龙注销；（B）联轴器；（C）工作油；（D）链条。

3. 煤的表面水分在（　　　）就会造成输煤、给煤系统运行困难。

（A）15%；（B）8%～10%；（C）20%；（D）30%。

4. 油泵的流量取决于工作空间可变容积的大小，与（　　　）无关。

（A）压力；（B）转速；（C）时间；（D）密度。

5. 推煤机堆煤的高度较高，其爬坡角为25°，极限爬坡角应小于（　　　）。

（A）60°；（B）50°；（C）45°；（D）30°。

6. 安全色中的（　　　）表示提示、安全状态及通行的规定。

（A）黄色；（B）蓝色；（C）绿色；（D）黑色。

7. 斗轮堆取料机的斗齿磨损超过原长的（　　　）时要及时补焊或更换。

（A）1/2；（B）2/3；（C）1/3；（D）3/4。

8. 对于需要长期储存的煤，尤其是低变质程度的煤，组堆时要（　　），减少空气和雨水的透入以及防止煤的自燃。

（A）和其他煤一起存放；（B）可以任意堆放；（C）分层压实；（D）块末分离。

9. 推煤机与斗轮机配合作业时，应保持（　　）m 的安全距离。

（A）2；（B）3；（C）4；（D）5。

10. 机械各部件是否正确地装到应有的位置，直接影响到机械的正常运转，关系到摩擦副的磨损速度，决定着（　　）。

（A）润滑剂的使用寿命；（B）摩擦件的使用寿命；（C）机械精度；（D）润滑油的黏度。

11. 电动机着火时，应立即切断电源，并用（　　）灭火。

（A）泡沫灭火器；（B）水；（C）干粉灭火器；（D）二氧化碳灭火器。

12. 电流互感器的二次绕组运行中不得（　　），对不使用的二次线圈应在接线连接板处短接，并直接接地。

（A）短路；（B）开路；（C）接地；（D）发热。

13. 检修工作如不能按计划期限完工，必须由（　　）办理工作延期手续。

（A）工作票签发人；（B）工作许可人；（C）工作负责人；（D）任何人。

14. 三位阀指阀芯相对阀体三个（　　）的方向控制阀。

（A）中位置；（B）通路数；（C）工作位置；（D）油口。

15. 装设接地线应（　　），拆接地线的顺序与此相反。

（A）先接接地端，后接导体端；（B）先接导体端，后接接地端；（C）同时接接地端和导体端；（D）停电后都可以。

16. 在工作票中，对工作负有安全责任的有（　　）。

（A）工作票签发人；（B）工作负责人；（C）工作许可人；（D）全部都是。

17. 当两轴平行，中心距较远，传动功率较大时，可采用（　　）。

（A）链传动；（B）齿轮传动；（C）皮带传动；（D）液压传动。

18. 运行值班人员在启动设备前，应先（　　）。

（A）与集控人员联系；（B）检查设备；（C）请示班长；（D）按警铃，通告人员离开。

19. 测量轴承间隙时，使用（　　）。

（A）游标卡尺；（B）内径千分尺；（C）外径千分尺；（D）塞尺。

20. 液压推杆制动器的制动带应正确地贴在制动轮上，其间隙应为（　　）mm。

（A）0.8～1；（B）1.5～2；（C）1.3～1.5；（D）2～3。

21. 液压油应有良好的（　　）。

（A）挥发性；（B）黏合性；（C）抗乳化性；（D）透明性。

22. 磨损的轴采用堆焊修复，为了便于加工，堆焊后应进行（　　）处理。

（A）调质；（B）淬火；（C）退火；（D）回火。

23. 在紧急情况下（　　）都可拉"拉线开关"停止皮带运行。

（A）通知值班员；（B）请示运行班长；（C）运行巡检；（D）任何人。

24. 电动机运行中，电源电压不能超出电动机额定电压的（　　）。

（A）±20%；（B）±10%；（C）±5%；（D）±30%。

25. 缓冲托辊的作用就是用来在受料处减少物料对（　　）的冲击。

（A）构架；（B）导料槽；（C）滚筒；（D）胶带。

二、判断题（每题1分，共25分）

判断下列描述是否正确，正确的在括号内打"√"，错误的在括号内打"×"。

1. 在液压系统加油时，不同标号的液压油不允许混合使

用。 （　　）

2. 当发生皮带机胶带少量跑偏时，防偏开关能发出报警信号，并切断电源。 （　　）

3. 翻车机卸车线由翻车机调车设备和给煤设备组成。

（　　）

4. 燃油的物理特性为黏度、凝固点、燃点、闪点和密度。

（　　）

5. 挥发分含量对燃料燃烧性影响很大，挥发分含量越高越容易燃烧。 （　　）

6. 额定电流是指电气设备允许长期通过的电流。（　　）

7. 发现煤斗内如有燃着或冒烟的煤时，要立即进入煤斗灭火。 （　　）

8. 在断电时，ROM 存储器中的信息不会丢失。（　　）

9. 翻车机牵车台的事故载质量不大于 100t。（　　）

10. 静态轨道衡属于机械轨道衡这一类的。 （　　）

11. 当直流电压为 36V 时，是安全电压，在任何条件下工作，只要电压不超过 36V，都可以保证安全。 （　　）

12. 遇有电器设备着火时，应立即进行灭火，防止事故扩大，然后将有关设备的电源切断。 （　　）

13. 燃料中的含碳量和灰分及挥发分的含量，是衡量燃料质量的重要依据。 （　　）

14. 钙基脂是最早应用的一种润滑脂，有较强的抗水性。

（　　）

15. 异步电动机在热状态下允许连续启动 1~2 次。

（　　）

16. 电动机的温升就是电动机允许的最高工作温度。

（　　）

17. 轴承装配时，标有规格代号的侧面应面向内侧。

（　　）

18. 带式输送机的头部、尾部和拉紧装置必须设有防护罩，

没有防护罩的禁止运行。　　　　　　　　　　（　　）

19. 轴和齿轮的点蚀面积沿齿宽、齿高超过 60%的应报废。

　　　　　　　　　　　　　　　　　　　　　　　（　　）

20. 带式输送机启动时，电流正常，但输送带不转动的原因是拉紧器太松。　　　　　　　　　　　　　（　　）

21. 翻车机的靠车装置是机械靠车装置。　　　（　　）

22. 起重机械静力试验的目的是检查起重设备的总强度和制动器的动作。　　　　　　　　　　　　　　（　　）

23. 一张工作票中，工作票签发人、工作负责人和工作许可人三者可以互相兼任。　　　　　　　　　（　　）

24. 电子皮带秤的测速传感器应安装在皮带工作面处。

　　　　　　　　　　　　　　　　　　　　　　　（　　）

25. 胶带跑偏发生时，应将跑偏侧的调偏托辊向胶带前进方向调整。　　　　　　　　　　　　　　　（　　）

三、简答题（每题 5 分，共 10 分）

1. 简述自动调心托辊的工作原理。

2. 防止煤场存煤自燃的措施有哪些？

四、计算题（每题 5 分，共 15 分）

1. 仓库有一卷胶带，已知胶带的外径是1200mm；内径是500mm；总圈数是30。求这一卷胶带的长度。

2. 某设备的电动机功率 $P=100$kW，问满负荷一昼夜用多少电？

3. 圆锥体的体积 $V=1.674\,7\times10^7$mm^3，高 $H=400$mm，求底面的直径 d。

五、画图题（每题 5 分，共 10 分）

1. 画出带式输送机驱动装置示意。

2. 指出图 1 所示电路的接法。

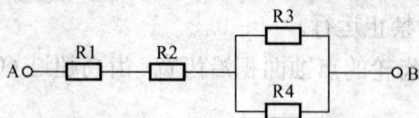

图1

六、论述题（15分）

试述输煤系统故障及事故处理原则。

中级卸储煤值班员技能要求试卷

一、输煤皮带运行中打滑的处理。

二、推煤机主离合器油泵声音异常的处理。

三、液力推动器不动作的故障处理。

中级卸储煤值班员知识要求试卷答案

一、选择题

1.（A）；2.（C）；3.（B）；4.（A）；5.（D）；6.（C）；
7.（C）；8.（C）；9.（B）；10.（B）；11.（D）；12.（B）；
13.（C）；14.（C）；15.（A）；16.（D）；17.（A）；18.（D）；
19.（D）；20.（A）；21.（B）；22.（C）；23.（D）；24.（B）；
25.（D）。

二、判断题

1.（√）；2.（×）；3.（×）；4.（√）；5.（√）；6.（√）；
7.（×）；8.（√）；9.（√）；10.（√）；11.（×）；12.（×）；
13.（√）；14.（√）；15.（√）；16.（×）；17.（×）；18.（√）；
19.（√）；20.（×）；21.（×）；22.（√）；23.（×）；24.（×）；
25.（√）。

三、简答题

1. 答：当输送带跑偏时，输送带的边缘与立辊接触，当立辊受到皮带边缘的作用力后，回转架便受到一力矩的作用，使回转架绕回转中心转过一定角度，从而达到自动调心的目的。

2. 答：主要措施有：

（1）根据煤种煤质对煤定点定期分批存放，按次序取用。

（2）煤堆采用推煤机等设备分层压实。

（3）对长期堆存的煤要采取散热措施，如埋设排气管，定期倒堆，用黄土或其他材料封闭煤堆。

四、计算题

1. 解：已知 $n=30$　$D=1200\text{mm}$　$d=500\text{mm}$　代入公式得

$$L=3.14n(D+d)/2$$
$$=3.14\times30\times1700/2$$
$$=80\,070$$
$$\approx80\text{m}$$

答：这一卷胶带的长度约等于 80m。

2. 解：$W=Pt=100\times24=2400$（kWh）

答：此电动机一昼夜用电 2400kWh。

3. 解：根据公式 $V=\dfrac{1}{3}AH=\dfrac{1}{3}R^2H$　得

$$R=\sqrt{\frac{3V}{\pi H}}=\sqrt{\frac{3\times1.674\,7\times10^7}{3.14\times400}}=200\text{（mm）}$$

$$d=2R=2\times200=400\text{（mm）}$$

答：底面直径 d 为 400mm。

五、画图题

1. 答：如图 2 所示。

1—电动机；2、3—联轴器；4—驱动滚筒；5—减速机；6—轴承座。

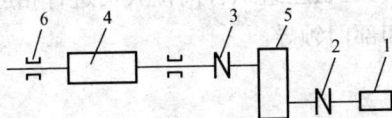

图 2

2. 答：R3、R4 并联与 R1、R2 串联。

六、论述题

答：输煤系统故障及事故处理原则为：

（1）设备运行过程中一旦发生异常或事故，当班运行人员应沉着冷静、坚守岗位，根据异常或事故现象迅速查明事故的原因、地点、范围、性质，及时采取措施处理。

（2）出现异常情况时，应控制事故发展，隔离故障部分，解除对人身和设备的威胁，并立即向上一级领导汇报。

（3）在事故处理过程中，各岗位对班长发出的正确命令均应服从，若出现错识命令并将危及设备及人身安全时，应拒绝执行并提出正确的建议。

（4）当发生《电业安全工作规程》之外的事故或异常情况时，值班人员应在保证设备及人身安全的情况下，根据有关知识和运行经验及时进行处理。

（5）异常及事故发生时，在值班或检修人员检查或寻找故障点，在未与其取得联系前，无论情况何等紧急，绝不允许将检查设备强行送电启动。

（6）事故处理后，班长和各岗位值班人员应将事故发生时间、过程、所造成的后果、保护动作情况详细地记录在运行日志上。在处理事故时，无关人员不得进入现场。接班人员在交班班长的指挥下协助处理，处理完毕方可交接班。

（7）千方百计组织上煤，确保锅炉的正常运行。

（8）当设备发生火灾时，值班人员应立即汇报或拨打厂内火警电话，并利用现场消防设施按《电业安全工作规程》等规定进行及时灭火。班长应组织各岗位人员进行相应的事故处理，同时汇报值长和部门领导。

中级卸储煤值班员技能要求试卷（答案）

一、答案如下。

编　号	C05A007	行为领域	e	鉴定范围	2
考核时限	15min	题　型	A	题　分	20
试题正文	输煤皮带运行中打滑的处理				
需要说明的问题和要　求	1. 要求独立操作 2. 现场实际设备演示 3. 注意安全，文明演示				
工具、材料、设备、场地	现场实际设备				

	序号	项　目　名　称	满分
评分标准	1	现象	
	1.1	拉紧装置失灵，使皮带张力不足	
	1.2	皮带及滚筒有水、油或其他污物	
	1.3	运煤量过大（超载）	
	2	处理	
	2.1	检查拉紧装置并调整张力	10
	2.2	清除水和其他杂物	5
	2.3	减少给煤量	5
	质量要求	要求按规定完成每个步骤，顺序不得颠倒	
	得分与扣分	每缺1步扣相应得分	

二、答案如下。

编　　　号	C04B041	行为领域	e	鉴定范围	2
考核时限	30min	题　型	B	题　　分	30
试题正文	液力耦合器运行中丢转的处理				
需要说明的问题和要　　求	1. 要求独立操作 2. 利用现场实际设备演示 3. 要注意安全，文明操作				
工具、材料、设备、场地	现场实际设备				

评分标准	序号	项　目　名　称	满分
	1	现象	
	1.1	电动机有故障或接法不正确	
	1.2	工作机有卡塞现象，转动设备有卡阻或负载过重	
	1.3	充液太少、液力耦合器无法达到额定转数	
	1.4	液力耦合器漏油	
	2	处理	
	2.1	检查电动机的电流、转速变化幅度是否超常	10
	2.2	检查工作机械，消除卡阻现象	5
	2.3	按规定补充油量	10
	2.4	通知检修人员更换密封，拧紧螺栓	5
	质量要求	要求对可能产生此现象的原因进行全面检查	
	得分与扣分	缺检1项扣5分	

三、答案如下。

编　号	C04C055	行为领域	e	鉴定范围	2
考核时限	30min	题　型	C	题　分	50
试题正文	液压油泵振动的故障处理				
需要说明的问题和要　求	1. 要求独立操作 2. 现场就地操作演示 3. 做到安全文明演示				
工具、材料、设备、场地	现场实际设备或模拟进行				

	序号	项　目　名　称	满分
评分标准	1	现象	
	1.1	油泵抽空	
	1.2	液压油产生泡沫	
	1.3	地脚螺栓松动	
	1.4	油泵内循环	
	1.5	传动中心不正或联轴器松动	
	1.6	油路堵塞	
	2	处理	
	2.1	检查泵、溢流阀和打开油箱等	9
	2.2	进行加油和排气	9
	2.3	紧固地脚螺栓	5
	2.4	通知检修人员修理或更换油泵	9
	2.5	通知检修人员重新找正或紧固螺栓	9
	2.6	通知检修人员清洁油路	9
	质量要求	应会排除简单的故障	
	得分与扣分	每缺 1 项扣除相应分数，不能独立排除简单故障扣 5 分	

6 组卷方案

6.1 理论知识考试组卷方案

技能鉴定理论知识试卷每卷不应少于五种题型，其题量为45～60题，试卷的题型与题量的分配，见下表。

试卷的题型与题量分配表

题　型	鉴定工作等级		配　　分	
	初级、中级	高级工、技师	初级、中级	高级、技师
选　择	25题（12分/题）	25题（12分/题）	20～40	20～40
判　断	25题（12分/题）	25题（12分/题）	20～40	20～40
简答/计算	5题（5分/题）	5题（5分/题）	30	25
绘图	2题（5分/题）	2题（5分/题）	10	15
论述	1题（15分/题）	1题（15分/题）		
总　计	55～60	55～60	100	100

6.2 技能操作考核方案

对于技能操作试卷，库内每一个工种的各技术等级下，应最少保证有5套试卷（考核方案），每套试卷应由2～3项典型操作或标准化作业组成，其选项内容互为补充，不得重复。

技能操作考核由实际操作与口试或技术答辩两项内容组成，初、中级工实际操作加口试进行，技术答辩一般只在高级工、技师、高级技师中进行，并根据实际情况确定其组织方式和答辩内容。